Mobile Book

随·身·读

随时 / 随地 / 随心

阅读可以静心、充电、启迪智慧

20几岁的人生必修课

男人篇

文清◎著

華夏出版社

图书在版编目（CIP）数据

20几岁的人生必修课. 男人篇 / 文清著. —北京：华夏出版社，2013.9

（MBook随身读）

ISBN 978-7-5080-7602-7

I. ①2… II. ①文… III. ①男性—人生哲学—通俗读物 IV. ①B821-49

中国版本图书馆CIP数据核字（2013）第105667号

出品策划：華夏盛軒

网　　址：http://www.huaxiabooks.com

20几岁的人生必修课（男人篇）

著　　者　文　清
责任编辑　郭　淼　孟令爽
封面设计　思想工社
排版制作　思想工社
出版发行　华夏出版社
　　　　　（北京东直门外香河园北里4号　邮编：100028）
总 经 销　新华文轩出版传媒股份有限公司
印　　刷　大厂回族自治县正兴印务有限公司
开　　本　720mm×1020mm　1/32
印　　张　8
字　　数　110千字
版　　次　2013年9月第1版　2013年9月第1次印刷
定　　价　18.00元
书　　号　ISBN 978-7-5080-7602-7

前言
PREFACE

塑造成熟心智，累积成功资本

每个男人心中都住着一个自己从小就仰慕的英雄，并希望自己在长大成人之后，可以豪气凌云地实现这一梦想。然而岁月不仅带着你来到了可以实现梦想的年纪，也带给了你与之相称的迷茫和忧虑。青春如同白驹过隙，还没等你懂得珍惜，就已经渐渐向你发出了落幕的警告。那么，怎样度过这充满激情、活力的热血青春才不会回首叹息呢？

走过20岁的十字街头，你是不是已经睁开眼睛看到了更多的世间繁华景象？明白的更多更早，迷茫和无措也会更多更犀利。它迫使我们不得不严肃地面对人生，认真地思考自己应该怎样走出一条属于自己的道路。如果没有浸满自己汗水和心血的成功，如果没有烙印着自己个性和价值观的成果产生，我们又拿什么来证明自己的存在和价值？到了这个迷惘和徘徊的路口，我们需要做的不是继续叹息和焦虑，而是毫不犹豫地找到自己需要的方向，拔腿启程，一步一步接近哪怕看起来是很遥远的目标。

20几岁的年纪正是青春、力量充满你年轻身心的时候，这就是天赋的最大奋斗资本。然而，初入社会，我们还需要更多的经验和技巧去面对复杂的人际、决策、谋划、创新等问题。我们总是看到有众多的知名和不知名的成功人士在各种场合畅谈自己的奋斗经历和成功经验，分享自己人生辉煌的历史。他们风度翩翩，侃侃而谈。那些人的笑容是那么迷人，足以让一个刚刚踏上社会的20几岁的小伙子感到相形见绌，同时自己的内心也升起无限的渴盼和激情。

但是不要忘记，他也曾和你一样青涩、迷茫。更不要忘记的是，当他在你的这个年龄段时，还有同样多的同龄人和他一样在尝试、奋斗和摸索，而只有少数几个人笑到了最后。经历了怎样的挣扎和奋斗才能达到你所渴望的地步，就看你是否比其他人付出了更多更正确的努力和辛苦。差距从现在开始的每一步中产生。竞争是赤裸裸地存在的，它导致了巨大的差距——有的人在30多岁的时候还两手空空，但是有的人已经有了带着全家人环球旅行的经济实力，这巨大的落差可能会让每一个20多岁的年轻人感到刺激、热血沸腾。

不论你有多好的学术修养，多棒的外形气质，多伟大的梦想，你都必须参与到这样一个以成败论英雄的社会中，去尝试着成长。而接下来你所面对的就是实实在在的现实努力和困境，梦想总是光辉灿烂的，但成功的过程却充满着考验。所以你要明白，在成功之前就是这样，那些真正的猛士，就是从这些刺痛中披荆斩棘一路走过来的。

20几岁，正是一切“归零”的年纪，你已经可以完全放弃父母在经济上的关照，靠自己的双手而活；你也可以完全按照自己的想法去创业；你还可以端上“铁饭碗”，从现在就开始“养老”……你有了选择一切的自由，也必须要承担自己选择之后的结果。也许，比起一份好的工作或者是一次浪漫的爱情，你现在更需要的，就是如何获得真正的成功的建议，而这正是本书的意义。在这个世界上，真正的成功地图是你自己走出来的，所有的指南都是给你提出的最好的行路攻略，以防你走弯路。希望本书可以给正值青春年少的你带去如沐春风的建议，在自己奋勇拼搏的路上助力前行。

CONTENTS 目录

第一章 早醒悟，早成功

第二章 谁掌握人脉，谁就掌握命脉

第三章 做对事，才能做成事

第四章 激情成就卓越，坚持实现梦想

第五章 20几岁太“闲”，30几岁被“嫌”

第六章 拆掉思维的墙，人生才能不设限

第七章 会什么要明白，学什么更重要

第十章 及时自我解压，扫除心中垃圾

第一章 早醒悟，早成功

对于一个年轻人来说，梦想对其一生有着至关重要的作用。它犹如海上的灯塔一样，指引着人们前进的方向。它让迷茫无助的人找到了人生的希望，它给人带来力量，它赐予人不断向前拼搏的勇气。没有梦想与目标的人注定一生将在社会中随波逐流，这就好比一艘失去方向的船只，在激流中横冲直撞，最终只能粉身碎骨。扬一张带着梦想的帆吧，它会带你驶向更远更广阔的天地！

人生可以走直线

随着网络与娱乐节目的普及，曾经任职幕后的百度CEO李彦宏走到了荧幕前，使很多年轻人知道了这位成功者的故事。大众眼中的李彦宏拥有幸福的家庭、非凡的个人魅力以及成功的事业，这些无疑使他成为当代年轻人羡慕的对象。自古以来江山与美人就像不能兼得的鱼跟熊掌一样，在李彦宏这里却似乎都已经得到了。那么，究竟是怎样的成功之道才让他从众多的创业者中脱颖而出呢？归纳而言，就是他所说的“人生可以走直线”，即一个人一旦确定了自己的目标，就要坚定不移地走下去。

人生之路有很多条，如果每一条都去尝试，我们未必有如此多的机会和时间。但是如果确定目标，选择最适合自己的一条并将它进行到底，那么我们也能像李彦宏一样闯出一番自己的事业来。

20几岁的我们即将闯荡世界，而那些年幼时简单的梦想可能还会在我们的脑海中不时地闪现。所以在出征之前，我们应该检查一下自己的背囊，整理一下那只装着各种梦想的口袋，然后再毫不犹豫地朝着它大步走去。

山林中飞来一只凶狠的老鹰。它在长空中盘旋着寻找猎物。突然它发现了两只在草丛间玩耍的兔子，兔子也发现了空中的老鹰，拔腿就逃。老鹰盯住一只较大的兔子，紧追不舍。兔子紧急转了一个弯，老鹰也跟着调转方向。几番较量后，鹰终于抓住了兔子。

鹰盯住一只兔子紧追不舍，最后得到了美餐。而如果它同时追逐两只兔子的话，结果很可能一只也抓不到。同样，很多成功的人也是得益于专注于自己的目标。

斯蒂芬·茨威格就是其中一个，他是深受中国读者喜爱的奥地利作家。有一天，在比利时著名作家凡拉爱朗的介绍下，茨威格在巴黎认识了雕塑大师罗丹。罗丹热情地邀请他到乡下的雕刻室去看看自己最近的作品。那是一尊女性的半身像。罗丹觉得已经完工了，但审视一会儿后，忽又喃喃自语道："只有那肩膀上面，线条仍旧嫌太硬。对不起……"这时，他似乎已经忘记了茨威格的存在。

他捡起一把塑像用的木质小刀，在柔软的泥土上轻轻拂过，使像身的肌肉发出一种更细腻的光泽。罗丹雕像的手指活泼了起来，眼睛里放着光芒。"还有这里……这里……"他又修改了别的几处地方，再退后一步，细细观察。然后又把架子转过背来，喉咙里喃喃地发出奇怪的声音。有时他欣然微笑，有时他眉头紧皱，有时捏了一点泥，加到雕像身上去，又轻轻地抓掉一些。

如此继续了半小时，一小时……他没有对茨威格说一句话，除了创造他理想中的画像之外，他什么都忘记了。似乎天地之间只有这工作的存在，就像上帝着手创造世界的第一天那样。

直到丢下小刀，他才想起茨威格来。“对不起，先生。我简直把你忘记了，但是……”罗丹对自己的失礼非常过意不去。茨威格却十分感激地紧握着他的手。在他看来，这一天所得的教训比在学校里多年的用功还有益处。

“一个人可以如此完全忘记了时间、空间与整个的世界，这个认识，使我得到了空前绝后的感动。这几个小时，使我把握住了一切艺术、一切事业成功的奥秘——聚精会神，集中所有的力量以完成不论大小的一件工作，把我们容易分散、容易旁骛的意志贯注在小小的一点上。我觉得遗忘一切其他事物而集中意志以求完美的热忱，就是我过去所

男人成长法则

一旦你确定了目标，那就大步地向前去，不要犹豫，不要瞻前顾后。要想最终让你研究的某个领域更深入，要想取得成功，那就直线地前进吧！

缺乏的。除了工作，好像自己都不存在，这就是成功的秘诀。我现在知道舍此以外，别无其他神妙的方法了。”这是茨威格在《成功的秘诀》里的描写，生动传神地表现了艺术家罗丹那种忘我地专注于目标的工作精神。

说起人的一生，总如白驹过隙，时光匆匆。如果一个人总是盼东盼西，没有确定的目标，那么，他的时间注定将在一无所成中耗费掉。因此，一旦你确定了目标，那就大步地向前走去，不要犹豫，也不要瞻前顾后。要想最终在你研究的某个领域更深入，要想取得成功，那就直线地前进吧！

把失败踩在脚底下

人的一生有成功就有失败，面对失败的时候，不同的态度决定不一样的命运。一味地沉浸在失败的苦痛中不能自拔的人注定会失败到底。学会在失败的时候不认命，在哪里跌倒就在哪里勇敢地站起来，即使失败了也能做到昂首挺胸，只有这样才能保证成功的来临。

1958年，巴西足球队为国家赢回了第一个世界杯冠军。专机一进入国境，就迎来了热烈壮观的欢迎仪式：16架喷气式战斗机立即为之护航。当飞机降落在机场时，聚集在机场上的欢迎者达3万人，从机场到首都广场不到20公里的道路上，自动聚集起来的人超过

100万。里奥市长晚出发了一会儿，竟然无法驱车去机场，只得从官邸乘直升机前往。途中多数球员被请进豪华汽车，几个主力队员如贝利等则被人用手臂向前传递。四个多小时的路程他们脚不沾地，一直被送到总统府。

这激动人心的盛大场面，不由得让人想起四年前机场那一幕：巴西人都认为巴西队能获世界杯赛冠军，然而在半决赛中却意外地败给了法国队，结果那个金灿灿的奖杯没有被带回巴西。球员们悲痛至极，他们想回国后面对的一定会是球迷的辱骂、嘲笑和汽水瓶吧，足球可是巴西的国魂。飞机进入巴西领空，球员们坐立不安，因为他们心里清楚这次回国凶多吉少。可是，当飞机降落在首都机场时，映入他们眼帘的却是另一种景象。总统和两万多球迷默默地站在机场，总统和球迷共举一条大横幅，上面写着：失败了也要昂首挺胸。见此情景，队员们顿时泪流满面。总统和球迷们都没有讲话，他们默默地目送球员们离开机场。四年后，巴西足球队终于捧回了大力神杯。

学会在失败的时候不认命，在哪里跌倒就在哪里勇敢地站起来，即使失败了也能做到昂首挺胸，只有这样才能保证成功的来临。

在上一次世界杯中铩羽而归的巴西足球队没有因此沉沦，他们在国人的宽容与激励下，知耻而后勇，终于用昂扬的斗志在这次的世界杯比赛中如愿以偿。

失败是强者迈向成功的基石，在哪儿跌倒就在哪儿站起来，而不是在哪儿跌倒就在哪儿躺着。只有在失败中奋起，才能更接近成功。

在楚汉相争中，满腔英雄豪情的西楚霸王项羽彻彻底底地败给了刘邦，但他那股悲壮豪情千百年后令人们“至今思项羽，不肯过江东”。诸葛亮为北定中原六出祁山，功未成而身先死，“长使英雄泪满襟”。被称为华夏英雄的“武悼天王”冉闵一生豪气干云，为救中原沦陷的汉族百姓于水火之中，无惧生死与“五胡”作战，虽然最后被鲜卑族慕容恪擒获杀死，但那可歌可泣的壮举却永远被后世铭记。岳飞元帅志在收复中原，却不幸遭谗臣陷害枉死风波亭，然而“丹心一片栖霞月，犹照中原万里山”……

这些英雄都因为失败而更显悲壮。成功和失败并不是最重要的，最重要的是过程，我们是否经过最大努力去实现。只要我们拼尽全力了，那么失败和成功同样值得尊重，即使失败了也无怨无悔，虽败犹荣。

男人成长法则

学会在失败的时候不认命，在哪里跌倒就在哪里勇敢的站起来，做到即使失败了也能昂首挺胸，只有这样才能保证成功的来临。

没有人一生都是一帆风顺的，正确地看待失败，将之与成功放在同等重要的地位，相信在我们的视野中将会出现别样的风景。著名的科学家爱迪生曾说过："失败也是我所需要的，它和成功一样对我有价值。只有在知道一切做不好的方法以后，我才知道做好的方法是什么。"

的确是这样，一次一次的失败并不意味着将永远地失败下去，只要你做到不认命、不服输，正确看待失败所给自己带来的意义，成功的来临也是时间的问题。男人进入20几岁，由于多方面的稚嫩，难免会出现很多问题，但失败并不是可怕的，不要被一时的失败所打败。面对挫折要做到昂首挺胸，执着于自己的梦想，坚信自己的信念，相信成功就在不远处等着你。

学会“借势”

武汉市武胜路上有一座远近闻名的新华书店。该新华书店分上下五层，宽敞明亮，为广大读者提供了各种书籍、音像制品等。其规模、销售实力，以及市场辐射力、品牌影响力，在江城武汉都赫赫有名。面对如此强大的竞争对手，谁敢在武胜路上以卵击石地开一家小书店呢？但却有一个小伙子偏偏反其道而行之。

这个小伙子原来是开花店的，通过卖花淘到了第一桶金。他很喜欢读书，于是决心试着在图书这一领域闯一闯。经过一番缜密的市场调查后，他毅然决定在武胜路新华书店附近的街面上租下一个30平方米左右的门面开书店。

这个小伙子深知，如果以常规经营方式运作小书店，面对新华书店如此强劲的对手，到最后只怕是竹篮打水一场空。只有采取非常规的营销手段和经营方式，才能在这个大书店的指缝中找到生存的空间。起初，小书店以销售一些虽已过期但可读性仍较强的期刊为主，每本1～3元的价格吸引了大量路过的读者。然后，他又引进一些可以折价出售的正版图书。小伙子在广告牌上声明：凡购买正版图书达一定数量的顾客，可以获得相应的赠品杂志。果然，几招出手，效果立显。许多读者争相走进了这家颇具特色的小书店。小伙子和他的店员们以热情、灵活的服务，留住了大批读者，店中生意做得红红火火。

随着小书店逐渐拥有了一定的回头率，小伙子又推出了图书预订服务，帮助顾客采购所需的图书。最后，小书店终以自己独特的经营理念，共享了新华书店的大批顾客。

从“危机”一词的组合中我们可以看出：“危险”中往往蕴藏着新的“机会”。在那些善于思考的人面前，往往能变“危机”为“良机”。塞翁失马，焉知非福。任何危机都蕴藏着新的机会，而能否有效地利用危机，让危机激发出有利的一面，便是成功的一大关键。

星巴克刚刚开张的时候，既能给顾客提供咖啡，又有舒服的氛围和优雅的环境，而且连锁经营越做越大，曾被一些自营咖啡店看成是“恶魔王国”。但行业调查显示，大部分咖啡店在和这个西雅图巨人的短兵相接中，不但生存下来了，而且生意比以前还好。这是因为，星巴克的出现让其他经营者更重视创新，提高了经营的警惕性。

星巴克为顾客喝特制咖啡提供了一个舒适的地方，但特制咖啡是一个新兴行业，有足够的空间让小规模经营者从星巴克手里争夺顾客。新的消费者在喝过星巴克之后，爱上小店特制咖啡口味的可能性大大增加。也就是说，星巴克唤醒了很多潜在的咖啡顾客。

曾经有人因为星巴克的自制咖啡而头痛，但也有人灵机一动搭上了顺风车。当星巴克买下了大版的报纸广告宣传它们的自制咖啡时，有一个聪明的老板娘做了一面旗子，上面写着“提供五种自制咖啡”。

男人成长法则

任何危机都蕴藏着新的机会，而能否有效地利用危机，让危机激发出有利的一面，这是成功的一大关键。

无论是新华书店旁边的小店，还是星巴克附近的咖啡屋，都是一种借势的思维，将原本不利的因素变成对自己有利的因素。

每个想要获得成功的20几岁的男人都应在头脑中有“借势”这个理念。这个“势”也可能是你身边的朋友，每个人都可能是你的“势”，成为你的有效资源。

梦在远方，路在脚下

美国著名的成功学家拿破仑·希尔曾说过这么一段话：“你过去或现在的情况并不重要，你将来想获得什么成就才最重要。除非你对未来有理想，否则做不出什么大事来。有了目标，内心的力量才会找到方向。”近代成功学也将理想纳入了个人计划的步骤之内，可见理想对于人生的重要性。

理想虽然很重要，但在确定了自己的理想之后，人生态度以及价值观的选择相对来说更为重要，这决定了理想最终实现的程度。

如果将我们熟知的成功者们的今天当作一个点，从这个点往昨天、前天倒退，我们会发现，其实他们在20多岁的时候与我们很相似，而差距恰是从20多岁确定人生目标之后产生的：他们选择用一天天时间、从一件件事上慢慢拉近自己与成功之间的距离。

娱乐圈中的明星很多，昙花一现的不计其数，但是有一些人却能够越老越红，成为真正的偶像明星。他们的成功看起来很容易，似乎就是几首歌、几部电影，但为什么偏偏是他而不是别人，为什么好运气都降临在那么几个人身上？这其实与个人的选择有关。

我们都熟知的“华仔”刘德华20岁出道，凭借自己英俊的外表渐渐走红，今天他不再年轻，皱纹开始爬上眼角，然而他依旧很红，甚至越来越红。是什么让这位“偶像情人”天荒地老，又是什么让他一次次取得了不同凡响的成就？熟悉刘德华的人都知道，这个演艺界的标兵、劳模能够取得今天傲人的成绩和尊重，靠的不是他帅气的外表，而是他年轻时候做出的一个一个正确的选择。

刘德华从不否认自己是一个争强好胜的人，除非不做，要做就做到最好。他希望自己可以赢，但他不是选择赢别人，而是赢自己。从出道那天开始，他就选择扎扎实实地拍戏，认认真真地表演，对自己要求十分严格，每一场戏甚至每个镜头都要求自己做到最好。有时候，甚至可以为了拍一个镜头而连哭五次，他认为拍戏就要全情投入。他说："拍《十面埋伏》的时候刘捕头爱上小妹，演戏的时候我就真的觉得很爱子怡，她受了伤我都会心疼。"工作起来认真、努力，他就是这样的人，在敷衍了事与精益求精之间，他对每一个角色都选择了精益求精。

一件事情，是否能够做得到、做得好，其实就是一个选择的问题。看上去只是一件小事，最终却会影响你的整个人生轨迹。刘德华刚出道的时候也是从"龙套"角色起家，士兵甲、流氓乙、杀手丙、群众丁，很多角色不但没有名字，甚至没有台词，一出场就被主角"挥剑斩于马下"。

也许很多人会抱怨命运的不公，然后自怨自艾，最后不认真对待角色，久而久之，连群众的龙套都没得跑了。而刘德华还是一个龙套演员的时候就懂得努力、勤奋，并认真地演好每一个角色。他连龙套都跑得那么认真，做主角怎么会不努力呢？

有这样一句很流行的话：“把每一件普通的事情做好就是不普通，把每一个平凡的日子过好就是不平凡。”当有人抱怨命运之神为什么不垂青于自己的时候，刘德华选择的是默默努力；当有人在倦怠角色厌烦演戏的时候，刘德华的选择仍然是努力。当有人问他：“演了这么多年的戏，可曾厌倦过？”刘德华肯定地说：“没有！”对于一个热爱自己工作的人，工作的疲劳只是体力上的透支，大睡一觉之后，又能生龙活虎地投入工作了。他像一个攀登高峰的人一样勇往直前永不停歇，因为他知道，只有选择勤奋和努力，摒弃消极和厌倦，才能到达光辉的顶点。

男人成长法则

> 人生中的选择很多，有的人选择懒懒散散一辈子，有的人则愿意付出自己的努力过一生。正是在这迥异的选择之后，不同的人生状态才呈现出来。

人生中的选择很多，有的人选择懒懒散散一辈子，有的人则愿意付出自己的努力过一生。正是在这迥异的选择之后，不同的人生状态才呈现出来。对于大自然来说，“春种，夏长，秋收，冬藏”是不变的规律，人生也是如此，一个阶段接着一个阶段发展下去，这个阶段的努力会影响下个阶段的发展。

如果现在你才20多岁，想要在未来有所收获，那么现在就选择一个正确的道路吧，让勤奋跟努力成为你人生的基调，让坚定的信念成为你有力的依靠，相信人生的丰收就在不远处等待着你。

适合自己的才是最好的

先讲一个故事吧：

一只在野外觅食的老虎无意间看到了一只在笼子里的老虎。笼子里的老虎生活得很安逸，这正是野外老虎所羡慕不已的。与此同时，笼中之虎也羡慕着野外老虎的自由。于是，两只老虎商量好交换彼此的角色。就这样，笼中之虎走向了大自然，野地中的老虎开始了笼中生活。故事的结果很令人诧异，它们都没有得到自以为将会获得的幸福，而是双双死去。一只死于忧郁，一只死于饥饿。

很多时候，我们就像故事中的老虎一样，往往对别人的幸福和成功羡慕不已，而对自己所处的状况却熟视无睹。别人认为好的东西或许根本就不适合我们。就好比吃菜，有的人口味重，喜欢辣的咸的，而口味清淡的人对此就有点儿难以接受了。因此我们应该明白：别人的工作和生活方式看起来很好，但或许那只属于别人，他的工作方式和生活方式不一定适合我们自己。我们要有属于我们自己的合适选择。

1935年，帕瓦罗蒂出生于意大利的一个面包师家庭。他的父亲是个歌剧爱好者，常把卡鲁索、吉利的唱片带回家来欣赏。帕瓦罗蒂受父亲的影响，也喜欢上了唱歌，并且在很小的时候就显示出了他唱歌的天赋。

长大后，帕瓦罗蒂依然喜欢唱歌，但他更喜欢孩子，并希望成为一名教师。于是，他考上了一所师范学校。在师范学校学习期间，一位名叫阿利戈·波拉的专业歌手发现帕瓦罗蒂很有唱歌天赋，于是便把帕瓦罗蒂收来做他的学生。临近毕业的时候，帕瓦罗蒂问他的父亲："我应该怎么选择？是当教师呢，还是成为一个歌唱家？"父亲这样回答他："孩子，如果

别人的工作和生活方式看起来很好，但或许那只属于别人，他的工作方式和生活方式不一定适合自己。我们要有属于自己的合适选择。

你想同时坐两把椅子，你只会掉到两把椅子中间的地上。在生活中，你应该选定一把椅子。”听了父亲的话，帕瓦罗蒂选择了教师。不幸的是，初执教鞭的帕瓦罗蒂缺乏经验，管教不了调皮捣蛋的学生，最终只好离开了学校。于是，帕瓦罗蒂重新选择了唱歌。

17岁时，父亲介绍帕瓦罗蒂到“罗西尼”合唱团，开始随合唱团在各地举行音乐会。帕瓦罗蒂经常在免费音乐会上演唱，希望能引起某位经纪人的注意。可是很遗憾，经过将近7年的打拼，帕瓦罗蒂依旧是个无名小辈。眼看着周围的朋友们都找到了适合自己的位置，也都结了婚，而自己还没有养家糊口的能力，帕瓦罗蒂苦恼极了。“破屋偏遭连夜雨，漏船又遇打头风”，偏偏在这个时候，帕瓦罗蒂的声带上长了个小结。在菲拉拉举行的一场音乐会上，他就好像脖子被掐住的男中音，被满场的倒彩声哄下了台。失败让帕瓦罗蒂产生了放弃的念头。但他并没有这样做，冷静下来的帕瓦罗蒂想起了父亲的话，于是他坚持了下来。几个月后，帕瓦罗蒂在一场歌剧比赛中崭露头角，被选中在雷焦埃米利亚市剧院演唱著名歌剧

《波希米亚人》，这是帕瓦罗蒂首次演唱歌剧。演出结束后，帕瓦罗蒂赢得了观众雷鸣般的掌声。随后，帕瓦罗蒂应邀去澳大利亚演出及录制唱片。1967年，他被著名指挥大师卡拉扬挑选为威尔第《安魂曲》的男高音独唱者。

从此，帕瓦罗蒂的声名节节上升，成为活跃于国际歌剧舞台上的最佳男高音，与多明戈、卡雷拉斯共享“世界三大男高音”的声誉。当一位记者问帕瓦罗蒂成功的秘诀是什么时，他说：“我的成功在于我选对了自己施展才华的方向。我觉得一个人如何去体现他的才华，就在于他要选对适合自己人生奋斗的方向。”

男人成长法则

别人的工作和生活方式看起来很好，但或许那只属于别人，他的工作方式和生活方式不一定适合我们自己。我们要有属于我们自己的合适选择。

选择了适合自己人生的奋斗方向才是最好的。看到别人在自己的领域内取得成功而心生羡慕，不辨情形就盲目地一头扎进去，这样做只会让自己因迷惑而力不从心。

以上故事告诉我们一个道理：适合自己的才是最好的。人生之路千万条，每个人都有很多的选择。很多人借用别人的成功之道套在自己的身上，最终却发现不合适，这种削足适履的方法无疑是万万不可的。对待任何美好的事物，我们都不能一味地盲目追求，否则只能搬起石头砸自己的脚，最后往往是事倍功半。

第二章 谁掌握人脉，谁就掌握命脉

生存是一门学问，而真正懂得这门学问的人才是真的智者。步入20几岁的男人们，在职场上要懂得为人处事的道理，懂得左右逢源、处事圆融。人脉对于事业发展有着举足轻重的作用，年轻人要多去结识有用之人，拓展自己的人际关系，借用外力，助自己一臂之力！

广交朋友，才能常获机遇

到了20几岁，进入了较为复杂的成人世界，年轻人的事业心开始增强。聪明的人会发现成功人士身上有个共同的特征，即他们周围都有广泛的关系网。

这张像蜘蛛网一样一圈紧紧缠绕一圈的关系层，并不是单一地由朋友组成，还包括亲人、萍水相逢的有缘人；并不是仅限于同辈的人，还包括长辈、晚辈等；同时，在行业上也并不局限于本人事业的区域，不同行业、不同技术、不同地域的人也包含在这个关系网中——可以说是五湖四海、各行各业的人，应有尽有。

广泛交友是机遇的源泉。交友越广泛，遇到机遇的概率就越高。许多机遇就是在与朋友的交往中出现的，有时甚至是在漫不经心的时候，朋友的一句话、朋友的朋友的帮助、朋友的关心等等，都可能化作难得的机遇。在很多情况下，就是朋友的推荐、朋友提供的信息和其他多方面的帮助，人们才获得了难得的机遇的。

众所周知，在美国前总统克林顿成功竞选的过程中，他的拥有高知名度的朋友们扮演了举足轻重的角色。这些朋友包括他小时候在热泉市的玩伴，年轻时在乔治城大学与耶鲁法学院的同学，以及当学者时的旧识等。当数年前演说家罗安应邀在阿肯色州热泉市为旅游业年会演讲时，他才深刻地体会到这些人对克林顿总统的支持。

一个人的力量往往是十分有限的，许多问题往往不是一个人能够独自解决的。当问题因无法解决而陷入僵局时，你就必须请教能为你指点迷津的人，请求他们帮助你、给你建议，以便顺利地解决问题。

曾任美国总统的西奥多·罗斯福曾说：“成功的第一要素是懂得如何搞好人际关系。”的确如此，在美国，曾有人向2000多位雇主做过这样一个问卷调查："请查阅贵公司最近解雇的3名员工的资料，然后回答解雇的理由是什么。"结果无论什么地区、无论什么行业的雇主，绝大部分的答复都是："他们是因为不会与别人相处而被解雇的。"

很多成功人士都深刻意识到了人脉资源对自己事业成功的重要性。曾任美国某大铁路公司总裁的A·H·史密斯说："铁路的95%是人，5%是铁。"美国成功学大师卡耐基经过长期研究得出结论："专业知识在一个人成功中的作用只占15%，而其余的85%则取决于人际关系。"

所以说，无论你从事什么职业，学会了处理人际关系，你就在成功路上走了85%的路程，在个人幸福的路上走了99%的路程。无怪乎美国石油大王约翰·D·洛克菲勒说："我愿意付出比天底下得到其他本领更大的代价来获取与人相处的本领。"

对此，美国商界曾做过领导能力调查，结果显示：管理人员的时间平均有3／4花在处理人际关系上；大部分公司的最大开支用在人力资源上；管理者所定计划能否执行与执行的成败，关键在于人。

广泛交友是机遇的源泉。交友越广泛，遇到机遇的概率就越高。许多机遇就是在与朋友的交往中出现的。

男人成长法则

事业的成功在很大程度上受到我们与上司、同事以及下属关系的影响。良好的人际关系给个人带来的发展空间很大，这是知识或者技能所不能涵盖的。

可见，任何公司最大、最重要的财富都是人。

人的成功是离不开成功的人际关系网的，这就告诉了步入成人轨道的20几岁的年轻人，只靠自己的一股蛮劲埋头向前冲并不是成功的保障，想要真正取得成功，必须学会建立属于自己的社交网络。笼统地说来，这张社交网络包括家庭和工作两大部分。

在家庭关系中，成员之间是相互影响的，与配偶关系的好坏决定了与子女之间的关系，而这个整体的家庭关系又深深地影响了我们与他人相处的模式。同样的道理，事业的成功在很大程度上受到我们与上司、同事以及下属关系的影响。良好的人际关系给个人带来的空间是非常大的，这是知识或者技能所不能涵盖的。

借“大树”之势，成一己之功

科学研究发现，飞在最前面的领头雁在开路时，它的身体和展开的翅膀在冲破阻力时能帮助左右两边的大雁减少空气阻力，使它们飞起来更省力。同样的原理，这两只雁在飞行时形成的局部真空又帮助了飞行在它们左右两边的大雁。

就这样，一个帮一个，整个雁群在头雁的领导下，无须花太大的力气就克服了空气阻力，大大地减少了自己的体力消耗。同理，一个人要成功，就必须善于借助外界的力量。

“君子善假于物”，精明的人善于用人。也许你可以凭借自己的勤奋和聪明才智获得一定的成功，但是如果你能把自己和别人的想象力、智慧完美地结合起来，那不是更完美吗？当今世界，想取得成功的人不但需要个体的努力，还需要知识的高度集结作为成功的基石。

因此，越是善于从群体中求知，越是不断地开拓新的求知领域，你就越得益于人与人之间的优势互补，就越富有应变能力，进而越能够应付多变的社会和科学技术的发展。

聪明的人总是善于从别人身上吸取智慧的营养来提高自己。从别人那里借用智慧，比从别人那里获得金钱更划算。

有人说，20岁靠“体力”赚钱，30 岁靠“经验”赚钱，40岁以后，则是要靠“人脉”赚钱。20几岁的年轻人一旦步入社会，就需要与各色各样的人打交道，并有意识地开始经营管理我们的人脉，发掘和利用身边的有效资源。

比尔·盖茨开始设计软件时，还是一个一无所有的大学生。他就是借IBM这条大船出海的。IBM一直是巨型计算机的“蓝色巨人”，但由于漠视了微机的发展，致使苹果电脑侵入市场。为反击苹果，1979年，IBM着手开发微机。

为了与苹果争夺市场，IBM第一次放弃了完全以自主技术来生产计算机的方式，决定采用市场上的现有技术。为选择操作系统和编译程序，IBM先找了美国海军研究院计算机教授基尔道，他研制出的第一套操作系统CP／M广受欢迎。基尔道却乘机索要高价，向IBM开出每套操作系统200美元的权利金。

IBM没办法，这才转而找到盖茨。虽然盖茨并没有开发过微机操作系统，但他立刻表示要为IBM专门设计一套，但要价很低，他只希望自己将来还可以向其他客户销售略微修改的操作系统版本，这一要求被认可，IBM与盖茨欣然签约。

聪明的盖茨就既利用西雅图计算机公司的成果，又利用了IBM遍布全球的营销力量，为日后的财富积累掘来了第一桶金。这一年，比尔·盖茨25岁。

比尔·盖茨深谙“借势”的道理，他借IBM这条大船挖掘到了自己事业的第一桶金。每一个人都有自

男人成长法则

每一个人都有自己的资源优势，智者找助力，愚者找阻力，没有一个人能够独自成功，让更多的人助你一臂之力，这是一种高效的社会智慧。

己的资源优势，智者找助力，愚者找阻力，没有一个人能够独自成功。让更多的人助你一臂之力，这是一种高效的社会智慧。

在职场中也一样，作为部门团队的一员，只有把自己完全融入团队中，借助他人的经验与智慧，才能发挥个人的全部力量，才能解决个人无法解决的问题。而不善于借助外界力量只是画地为牢的人，只能给自己平添阻力。

很多人之所以觉得问题难，是因为不懂得去获取别人的帮助。善于和别人合作、取长补短，用平常心态去看待身旁的人和事，用敏锐的眼睛去观察，用理性的头脑去思考，用他人的智慧来帮助自己迎接、挑战困难，这样才有可能避免陷入生存的绝境。

待人有“技巧”，故而人脉“宽”

人脉是个人通往成功的门票，特别是在当前发展迅速的知识经济时代，人脉已成为专业的支持体系。但是，20几岁的人往往对于如何建立与发展人脉关系有些摸不着头脑，其实只要按照以下的方法和技巧做人行事，人脉就会在不知不觉中拓宽。

1. 建立守信用的形象

在与人相处过程中，诚信是一个非常重要的交际原则，没有人愿意和一个不讲信誉、虚伪的人交往，而都愿意和信誉好、真诚的人相处。真诚与信誉是一种保障，和有信誉的人交往办事，可以使自己少受损失，也会让人心里感到踏实、可靠。台湾地区花旗银行商人银行处处长韩蔚廷认为，“说到做到”是他最希望自己在别人眼中的样子，也是他一直以来奉行的信念。而也正因为他“绝不过度承诺”，所以不管是朋友、同事还是客户，都很信任他。

2. 主动出击

拿破仑过说：“进攻是使你成为名将和了解战争艺术秘密的唯一方法。”敢于主动出击，便赢得了成功人脉的一半。我们经常会遇到这样一种场面：在生日宴会上，几个好朋友聚在一起玩玩闹闹，而有人只是一声不吭地吃着东西，没有加入到那些人的行列中。这样的人实际上是白白放弃了扩大自己交际圈的好机会。只要能主动争取和别人交流，就会为自己开拓一个崭新的世界。

3. 创意与细心

人际交往有的时候还需要一些与众不同的巧方法，例如善用名片管理法就是一个妙招。法国亿而富机油前总裁，每年总要立下志愿，与1000个人交换名片，跟其中的200个人联络，并跟其中的50个人成为朋友。据传，日月光半导体总经理刘英武当初在美国IBM服务时，为了争取与老板碰面的机会，每天都观察老板上洗手间的时间，然后也选择在那时去上洗手间，增加与老板的互动。

4. 多结交一些带“圈”的朋友

80/20法则永远是一个黄金法则，20%的顾客会带给你80%的业务，花80%的时间在你20%的顾客身上，这永远是值得的。试着多认识一些带“圈”的朋友，多认识一些朋友的朋友。每个人的人脉网是有优劣之分的，朋友的朋友也有可能成为你的朋友。这就如同数学的乘方，以这样的方式来建立人脉，速度是惊人的。

5. 适时沉默

阿拉伯流行一句俗语：“你要说话时，你的话必须要比沉默更有益。”聪明的人不仅知道在什么场合说什么话，更要知道在什么时候保持沉默。在日常交往中，沉默往往会给你带来益处，在某些场合，沉默不语可以避免招惹事端。

许多人在缺乏自信时，可能会不假思索地说出不合适的话，从而给自己惹来麻烦，这在好冲动的年轻人身上更容易出现。什么问题必须讨论或者最好在什么时候讨论并没有一成不变的规则，必须依靠自己去判断。但重要的是，每次你的话将要冲口而出的时候，先在头脑中形成一种条件反射，即问问自己“这话是不是应该说”或是“现在是不是沉默比较好”。

6. 加大感情投资

所谓感情投资，就是指能够在与人交往上多一点关心，多一些相助。即使遇到大风大浪的情况，也能够相互体谅，“生意不成人情在”。虽然很少有人能达到“人饥己饥，人溺己溺”的境界，但我们至少可以随时关注一下别人的需要，时刻关心朋友，帮助他们脱离困境。当朋友身体不适时，你应该多去探望，多谈谈朋友关心的话题；当朋友遭受打击而沮丧时，你应该给予鼓励；当朋友愁眉苦脸、沉默寡言时，你应该亲切地询问他们。这些适时

男人成长法则

20几岁的男人在与人相处时，要始终保持友好平等的姿态与对方说话、处世。只有这样，才不至于伤及他人的面子和自尊心，才有可能与别人保持友好关系。

的安慰会像冬日里的阳光，温暖而不刺眼。感情来自交流，平时加强联系，是拓展人际关系网的最佳润滑剂。

20几岁的男人在与人相处时，要平等待人，不故作姿态，不自以为是，不在别人面前自吹自擂，把自己说得天花乱坠般完美，不在别人的背后说三道四、指手画脚，始终保持友好平等的姿态与对方说话、处世。只有这样，才不至于伤及他人的面子和自尊心，才有可能与别人保持友好关系。

珍惜你的最佳“损”友

一个人结交的朋友不可能是同一类型的，有温和稳重的、豪爽豁达的、机智潇洒的，也不排除有轻浮虚伪的、刻薄势利的，有的人总是说好话给你听，有的则是看到你不对就批评、指责你。

我们每天都会遇到各种各样的人，他们的品行、行为方式、看法观念也都不尽相同，但是不论如何，有一种类型的朋友肯定是值得交往的，那就是会批评、指责你的朋友。

佛经里说过：“朋友有四品——花、秤、山、地。”有些朋友待你如花，当你盛开的时候就溜须拍马、刻意谄媚逢迎，当你凋零的时候就与你背道而驰、分崩离析；有些朋友如秤，你比他重他就卑躬屈膝，你比他轻他就趾高气昂；有些朋友如山，心胸广阔海纳百川；还有些朋友如地，厚德载物而毫无怨怼。

真正的朋友，能在你高兴的时候真心分享你的快乐，在你难过的时候感同身受，在你困苦的时候及时伸出援手，当你犯了错误的时候敢于毫不留情地指出你的错误。

20几岁的年轻人往往爱和喜欢、赞美自己的人结交，而一旦被朋友指出问题或缺点，就有种“有损面子”的羞愧感，甚至有的人还会立即和朋友翻脸。往往冷静下来的时候才发现，朋友所说的话确实有一定的道理。

正所谓当局者迷，旁观者清。能够在你身边扶持你、发现你的问题并及时指点迷津的人，才是真正的朋友，即使有的时候言语犀利，但心往往还是向善的，还是为你着想、为你好的。20几岁的男人，在面对朋友的批评指正时，要有这种清醒的判断力。

要知道，朋友是深刻了解自己的人，是“有一说一、毫不见外”的人，是真正为你着想的人。如果朋友之间说话还需婉转迂回的话，那就不是真正的朋友。

你自认为得意的事向他说，他偏偏泼你冷水，你满腹的理想、计划对他说，他却毫不留情地指出其中的问题，有时甚至不分青红皂白地就把你做人做事的缺点数说一顿……反正，从他嘴里听不到一句好话，这种人要不让人讨厌也的确很难，但如果你就此放弃他的话，那就是你的损失。因为这些能直言不讳地泼你冷水、指责你的人，往往是真正为你着想的正直的人。

在这个社会上行事，人都会变得小心谨慎，尽量不得罪人，因此大多数人都是宁可说好听的话让人高兴，也不说难听的话让人讨厌。说好话的人不一定都是阴险狡诈别有用心的小人，但他一定是对你有所保留的人。因为人无完人，每个人身上都有缺点和不完美之处，而这些说尽好话的人很明显是对你身上的瑕疵视而不见的，这显然是不利于你发现自己的缺点并及时修正的。

身为朋友，就有责任指出对方身上的问题，倘若终日只拣好听的话说，那么就失去了做朋友的义务，如果还进一步“赞扬”你的缺点的话，那么他就是别有居心了。这种朋友就算不害你，对你也没有任何好处，所以大可不必浪费时间和这样的人交往。

男人成长法则

20几岁的男人要牢记，只有那些经常批评、指责你的人才是你人生的导师，才是助你走向成功之路的关键之士。

相对而言，那些总是说些难听的实话的人就真实很多，这种人绝对无求于你，出发点也绝对是为了你好。

如果你还是对此表示怀疑的话，可以想想自己的爸爸妈妈，是不是当看见你出现问题的时候，就会立即声色俱厉毫不留情地指出呢？为人父母，总是爱之深责之切，其实真正的朋友也是如此，因为真的关心你、爱护你、希望你好，所以才眼里揉不得一粒沙子，容不得你的缺点，才会直截了当地把它们指出来。

因此，20几岁的男人要牢记，只有那些经常批评、指责你的人才是你人生的导师，才是助你走向成功之路的关键之士。

“近”优秀的人更优秀

怀特是美国印第安纳州小乡镇上的铁道电信事务所的新雇员。16岁时他便决心要独树一帜。27岁他当了管理所所长。后来他便执掌西部合同电信公司，接着成为俄亥俄州铁路局局长。

当他的儿子上学就读时，他给儿子的忠告是：“在学校要和一流人物结交，有能力的人不管做什么都会成功……”

和一流人物结交并不是势利，而是扶持你走上成功之路的通道。一个人的命运很有可能取决于他的生活圈子，即取决于他周围都有些什么朋友。如果身边尽是糊涂迷茫的人，那么他也可能同样庸庸碌碌过一生；如果身旁的人个个奋勇拼搏，那么他也就有可能充满力量地去为了生活奋斗。

第一次世界大战中法兰西的陆军元帅福煦曾说过："青年人至少要认识一位精通世故的老年人，请他做顾问。"萨加烈也说了同样的话："如果要求我说一些对青年有益的话，那么，我就要求你时常与比你优秀的人一起行动。就学问而言或就人生而言，这是最有益的。学习正当地尊敬他人，这是人生最大的乐趣。"与优秀的人交朋友，是20多岁的年轻人在建立人脉的过程中需要着力去做的事。

然而，现实生活中很多年轻人都愿意和不如自己的人交往，这往往是虚荣心在作怪。与不如自己的人在一起，会让你觉得时刻充满了优越感，时间久了你会因为没有比较进步的目标而变得不思进取、一无所成。所以，年轻人要摒弃这种贪图一时之快的心理，尽可能多地认识比自己优秀的人。只有从这些人身上，你才能获取更多的人生经验，找到激励你前进的动力。把有能力的人作为自己的榜样并不可耻。朋友与书籍一样，好的朋友不仅是良伴，也是我们的老师。与成功的人结交，是成功和获得财富的第一步。

心理学研究表明，环境能够改变我们的思维与行为习惯，直接影响我们的工作效能与生活。和成功人士在一起，有助于我们在身边形成一种“成功”的氛围，使我们从中学习他们正确的思维方法，感受到他们的热情，了解并掌握他们处理问题的方法。

要与伟大的朋友缔结友情，跟第一次就想赚百万美元一样，是相当困难的事。这原因并非在于伟人们的超群拔萃，而在于你自己容易忐忑不安。很多年轻人之所以容易失败，是因为不善于和前辈交际。其实，只要年轻人放下心里的忐忑和羞涩，就没有什么路是走不通的。

19世纪20年代初期，罗思柴尔德在巴黎发迹，不久他就遇到了最棘手的问题：一名犹太人，法国上流社会的圈外人，如何才能赢得仇视外国人的法国上层阶级的尊敬呢？罗思柴尔德是了解权力的人，虽然自己拥有财富，但是被那些成功的上流人士疏远，他便无法获得更大的成功。因此，他仔细观察当时的社会，思考如何被那些上流人士欢迎，只有在他们的影响下，他才能获得更多的财富和更高的社会地位。

男人成长法则

朋友与书籍一样，好的朋友不仅是良伴，也是我们的老师。与成功的人结交，是为自己带来成功和财富的第一步。

慈善事业？法国人一点也不在乎。政治影响力？他已经拥有，再在上面花工夫只会让人们更加猜疑。他终于找到一个缺口，那就是无聊。在君主复辟时期，法国上层阶级非常无聊，因此罗思柴尔德开始花费惊人的巨款供他们娱乐。他雇用法国最好的建筑师设计他的庭园和舞厅，雇用最有名的法国厨师卡雷梅来准备巴黎前所未有的奢华宴会。

没有哪个法国人能够抗拒，即使这些宴会是犹太人举办的。罗思柴尔德的晚会吸引了越来越多的客人，最终使他与法国贵族社会打成一片，而不是仅混迹于商界。通过在“夸富宴”中挥霍金钱，他进入了更珍贵的文化领域。

罗思柴尔德是通过金钱赢得了贵族社会的接纳，但是他所获得的支持不是用金钱就可以买到的。之后几年他一直受惠于这些贵族客人，并将事业做得越来越大。

可见，和成功的人在一起不但能学习他们成功的思维和模式，还可以得到他们的帮助，让我们在成功的路上越走越稳。

第三章 做对事，才能做成事

对于职场人来说，做对事是非常重要的。那些一言不发，毫无问题可问的人，往往最容易被忽视。刚进入职场的20几岁的男人，要有一双善于发现的眼睛，及时发现问题并虚心向他人请教。只有学会质疑才能懂得思考，只有乐于询问才能不断进步；学会做人的同时更要学会做事，在细节中达到完美。

“跑龙套”也能跑出“大角色”

在我们工作最初，我们如同一张白纸般来到社会谋生，一般情况下我们不会被予以重任，只能在角落里做一些琐碎、单调的工作。这样的“龙套”角色，你愿意坚持下去吗?

我们以前过于强调干一行爱一行，强调奉献，像一颗螺丝钉拧在祖国最需要的地方，其结果是压抑了不少人个性、才能的发挥和人生价值与权利的实现。也许是压抑得太久，反弹得太厉害，如今的员工又走向另一个极端：过于强调自身的价值，过分索取，却忽视了责任和义务。一些大学生初出茅庐，实际经验和业绩没多少，要价却很高，即是一证。

虽然这方面的例子不太具有普遍性，但“眼高手低”却是相当多毕业生共同的通病。毕竟是第一次走上社会，有一种初生牛犊不怕虎的气势，以为本领在手，天下尽在自己掌握中。不过真正做起事来，心浮气躁的人就难免不知轻重深浅，小事不愿做，大事做不了。如果此人谦虚好学，过几个月、一两年也就有所改观了。但很多人往往就是眼光太高，拿不起又放不下，悬在空中。

眼尖的我们不难看出来，其实这里的所谓“工作经验”，根本不是什么真正的“工作经验”，更多的是一种态度，一种被社会现实打磨出来的直面现实的态度。

说具体了，就是能在做事情时踏实认真。无论事大事小都如此。“千里之行，始于足下”，想要他人认同我们，何不从身边的小事开始呢？

很多人渴望发现自己的价值，渴望成功，但却总是在苦思冥想，不从简单的小事做起，这样就失去了很多展示自己价值的机会和走向成功的契机。

如果去问今天的学生（从专科生直至博士）工作好不好找，相当一部分会说不好找；如果去问今天

所有成功人士的背后都会有一段“跑龙套”的经历，那正是锻炼他们心智的时候。他们都是从一些小事中学会如何做事，并为“做大事”打下了扎实的工作基础的。

的企业经理们人才是不是很易得，同样也会有相当一部分说找个合适的人才并不易。其中的原因，绝不是“信息不对称”所能解释的。

在大量的工作事务中，普通员工很显然都在做一些小事，怕只怕小事也做不好，小事也做不到位。其实身边本无小事，很多人不屑于做具体的小事，不屑于认真对待小事和细节，总盲目地相信“天将降大任于斯人也”。孰不知能把自己所在岗位上的每一件事做成功、做到位就很不简单了。

把每一件简单的事做好就是不简单，把每一件平凡的事做好就是不平凡。

汤姆·布兰德，起初只是美国福特汽车公司一个制造厂的杂工，他就是在做好每一件小事中获得了成长，并最终成为福特公司最年轻的总领班的。在有着“汽车王国”之称的福特公司里，两年就升到总领班的职位，的确不是一件容易的事。那么他是怎么取得如此骄人的成绩呢？

汤姆20岁时就进入工厂了。工作一开始，他就对工厂的生产情形做了一次全面的了解。他知道，一部汽车由零件到装配出厂要经过各个部门的合作，而每一个部门的工作性质都不相同。

他当时就想：既然自己要在汽车制造这一行做一番事业，就必须对汽车的全部制造过程都有深刻的了解。于是，他主动要求从最基层的杂工做起。杂工不同于正式工人，没有固定的工作场所，哪里有零活就要到哪里去。但正因为这项工作，汤姆才有机会和工厂的各部门接触，也因此对各部门的工作性质有了初步的了解。

当了一年半的杂工之后，汤姆便申请调到汽车椅垫部工作。不久，他就把制椅垫的手艺学会了。后来他又申请调到点焊部、车身部、喷漆部、车床部等部门去工作。在不到五年的时间内，他几乎把这个厂的各部门工作都做过了。最后他又决定申请到装配线上去工作。

汤姆的父亲对儿子的举动十分不解，他质问汤姆：“你工作已经五年了，总是做些焊接、刷漆、制造零件的小事，这样怎么能成就一番大事业呢？”

“爸爸，你不明白”汤姆笑着说，“我并不急于当某一部门的小工头。我以能胜任领导整个工厂为工作目标，所以必须花点时间了解整个工作流程。我正在把现有的时间做最有价值的利用，我要学的，不仅仅是一个汽车椅垫如何做，而是整辆汽车是如何制造的”。

汤姆务实且严谨的态度是正确的，拯救了他的前途，否则他很可能一直都是福特公司一名不起眼的员工。

男人成长法则

所有成功人士的背后都会有一段“跑龙套”的生活，他们都是从一些小事中学会如何做事的，并为“做大事”打下了坚实的基础。

人生无小事，每做一件事情实际上都是对自身素养、品行、学识进行一次修炼，千万不要因为事情小或者低微就鄙视它，放弃将使你失去一次修炼的机会，也减少了一次提高的可能。

不经历风雨怎么见彩

虹，所有成功人士的背后都会有一段“跑龙套”的经历，那正是锻炼他们心智的时候。他们都是从一些小事中学会如何做事的，并为“做大事”打下了扎实的工作基础。那些看似不起眼的小事，如果我们足够用心、足够在意，也可以做出常人做不出的成就。

做重要的事，抓主要矛盾

道理是越辩越明，只要方法正确，没有行不通的事情。而事实上，困难总是和解决困难的条件一同产生的。思想如同火种，磨炼了总会出现迷人的火花。我们每天都会面对很多的问题，一种是重要的，另外一种是不重要的。集中精力思考重要的事情，然后以最高的效率将其解决，才能持续给你更多的力量去解决下一个问题，也才能让你在有限的时间里面做出最多的成绩，这样，你的问题就会越来越少。

卡尔森是一个具有重点思维习惯的人。他1968年加入温雷索尔旅游公司从事市场调研工作。3年以后，北欧航联出资买下了这家公司，卡尔森先后担任了市场调研部主管和公司部经理。由于他熟悉业务，并且善于解决经营中的主要问题，使得这家旅游机构发展成瑞典第一流的旅游公司。卡尔森的经营才能得到了北欧航联的高度重视，他们决定对卡尔森进一步委以重任。

航联下属的瑞典国内民航公司购置了一批喷气式客机，由于经营不善连年亏损，到最后连购机款也偿还不起。1978年，卡尔森调任该公司的总经理。担任新职的卡尔森充分发挥了擅长重点思维的才干。他上任不久就抓住了公司经营中的问题症结：国内民航公司所订的收费标准否合理，早晚高峰时间的票价和中午空闲时间的票价一样。

卡尔森将正午班机的票价削减一半以上，以吸引去瑞典湖区、山区的滑雪者和登山野营者。此举一出，很快就吸引了大批旅客，载客量猛增。卡尔森任主管的第一年，国内民航公司即扭亏为盈，并获得了丰厚利润。卡尔森认为，如果停止使用那些大而无用的飞机，公司的客运量还会有进一步的增长。一般旅客都希望乘坐直达班机，但庞大的“空中巴士”无法满足他们的这一愿望。尽管DC—9客机座位较少，但如果让它们从斯堪的纳维亚的城市直飞伦敦或巴黎，就能赚钱。原来的安排是DC—9客机一般到了哥本哈根客运中心就停飞，旅客只好去转乘巨型“空中客车”。卡尔森便把这些“空中客车”撤出航线，仅供包租之用，辟设了奥斯陆至巴黎之类的直达航线。

与此同时，卡尔森的另一举措也充分显示了他的重点思维能力，那就是“翻新旧机”。当时市场上的那些新型飞机引不起卡尔森的兴趣。他说，就乘客的舒适程度而言，从DE—3客机问世之日起，客机就一直无多大的改进。他敦促客机制造厂改革机舱的布局，腾出地盘来加宽过道，使旅客可以随身携带更多的小件行李。北欧航联拿出1500万美元（约为购买一架新DC—9客机所需要费用的65%）来给客机整容，更换内部设施，让班机服务人员换上时尚新装。靠着那些焕然一新的DE－9客机招徕越来越多的旅客，当然，滚滚财源也随之而来。公司的DE－9客机一直使用到1990年。

男人成长法则

集中思考重要的事情，然后以最高的效率将其解决，才能持续给你更多的力量去解决下一个问题。这样，你的问题就会越来越少。

卡尔森是善于运用重点思维的典范。在我们遇到问题时，一定要思考什么是重要的，什么是无关紧要的，然后把精力集中在重要的一点上。这样做才能使我们的精力不受损失，而又能获得最大的效益。年轻的时候如果总是被一堆琐事困扰着，那么在你30多岁的时候就会发现自己真的什么都没有留下。

那些有成就的人都有一种习惯，就是找出并设法控制那些最能影响他们人生的重要因素。能找到重要的因素，事情就轻松得多。

处理事情之前，与其手忙脚乱地去应付问题，不如给自己一分钟的时间思考一下：我有哪些资源可以利用？我这样做真的是最好的办法吗？也许，就是这一分钟的时间成为了你救急的“公文包”。

每个成功人士都有这样的特点：他们善于将事

情分出轻重缓急，并且量力将之逐一解决，从不搞乱各个问题之间的层次和承续关系。如果将重要的事情和不那么重要的事情、最着急的事情和不那么着急的事情搞混，或者惰怠不为，可想而知，那将是一个多么混乱不堪的局面。认清楚最重要的事情，并优先解决，这是成功人士的必备素质。

好的思考从疑问开始

智慧的产生就在于多问了一个为什么。世界上的智者并非从一开始就是圣人贤士，他们也是在生活的磨炼中逐渐建立了自己的知识体系和思考方式的。他们总是要比普通人多思考一些问题，进而变得比平凡人不平凡。我们要想得到一些智慧的光芒，就要善于思考、质疑，这样，自己的思考能力定会大有提升。19世纪美国著名诗人及文艺批评家洛威尔曾经说过：“真知灼见，首先来自多思善疑。”

1921年，印度科学家拉曼在英国皇家学会上作了关于声学与光学的研究报告，报告结束后，他取道地中海乘船回国。

在甲板上漫步的人群中，一对印度母子的对话引起了拉曼的注意。小男孩问："妈妈，这个大海叫什么名字？"母亲回答："地中海！"小男孩又问："为什么叫地中海？"母亲耐心地解释说："因为它在欧亚大陆和非洲大陆之间，所以被称为地中海。"

小男孩继而又好奇地问："那它为什么是蓝色的？"年轻的母亲一时语塞，求助的目光正好遇上了在一旁饶有兴致倾听他们谈话的拉曼。拉曼告诉小男孩说："海水之所以是蓝色的，是因为它反射了天空的颜色。"

在当时，几乎所有的人都认可这一解释。这一解释是出自英国物理学家瑞利勋爵，这位以发现惰性气体而闻名于世的大科学家，曾用太阳光被大气分子散射的理论解释过天空的颜色。并由此推断，海水的蓝色是反射了天空的颜色所致。

但不知为什么，在告别了那一对母子之后，拉曼总对自己的解释心存疑惑，那个充满好奇心的稚童、那双求知的大眼睛、那些源源不断涌现出来的"为什么"，使拉曼深感愧疚。

作为一名很有职业素养的科学家，他发现自己在不知不觉中丧失了小男孩那种到所有的“已知”中去追求“未知”的好奇心。拉曼回到加尔各答后，立即着手研究海水为什么是蓝色的。他发现瑞利的解释实验证据不足，令人难以信服，因此决定重新进行研究。

他从光线散射与水分子相互作用入手，运用爱因斯坦等人的涨落理论，获得了光线穿过净水、冰块及其他材料时散射现象的充分数据，证明出水分子对光线的散射使海水显出蓝色的机理，与大气分子散射太阳光而使天空呈现蓝色的机理完全相同。进而又在固体、液体和气体中，分别发现了一种普遍存在的光散射效应，被人们统称为“拉曼效应”，为20世纪初科学界最终接受光的粒子性学说提供了有力的证据。

1930年，地中海轮船上那个小男孩的问号，帮助拉曼登上了诺贝尔物理学奖的奖台，成为印度也是亚洲历史上第一个获得此项殊荣的科学家。拉曼找回了对“已知”的质疑。

对一件事物过于肯定，等于在一开始就给自己的思想加上了一套“刑具”，限制了思想的发展。对于被认为是“已知”但我们却不知道真正原因的事物（比如海水为什么看起来是蓝色的），我们就是要发扬“打破沙锅问到底”的精神，敢于质疑，敢于追问。

爱因斯坦曾经这样评价自己：“我没有什么特别的才能，不过喜欢寻根究底地追问问题罢了。”爱因斯坦凭着超人的智慧和充满疑问的思考才取得了非凡的成就，为人类做出了重大的贡献。凡是有所成就的人，都有一个喜欢追问问题的脑袋。

男人成长法则

由疑而问，由问而思，有利于培养自己的创新精神和创造能力；相反，不求甚解，对什么事情都提不出问题，就是对培养自身能力的一种损失。

“学贵有疑”“学则须疑”，对于不甚明了的问题，我们就是要不断地提出疑问，在质疑中才能进步。提问是获取知识的重要途径，去积极思考、积极主动地提问。学会提问，须经历一个从敢问到善问的过程。由疑而问，由问而思，有利于培养自己的创新精神和创造能力；相反，不求甚解，对什么事情都提不出问题，对所有事情都一知半解，说明学习和思考都还不够深入，就是对培养自身能力的一种损失。

培根有一句名言："如果你从肯定开始，必将以问题告终；如果从问题开始，则将以肯定结束。"因此，要想得到一个美好而肯定的结果，首先做一个善疑多思的人。

用业绩证明自己的实力

人们发明考试，通过考试的成绩单来考察、证明你一个学期的学习成果。同样，想证明自己实力的人，在年末的时候必然要向上司交出一份满意的业绩报告。

汤佳是上海一家公司的会计，平时工作态度非常认真，报表的格式也做得漂漂亮亮、整整齐齐。可惜，报表上的数据与实际发生额相差甚远，不仅老板看了一头雾水，连她自己对报表上的原始数据的来源也说不清楚。于是，这张报表就成了实际上的废纸，对公司管理层做决策一点参考作用都没有。这样没有结果的工作等于白做，等于白白浪费公司的资源，因此汤佳很快就被炒了鱿鱼。

也许你会说，汤佳工作那么认真，即使没有功劳也有苦劳啊！是的，以前很多人总结个人业绩时总喜欢说“没有功劳也有苦劳”，“老黄牛”型的职员曾经备受推崇和赞赏。但现在的情况是，组织越来越重视能出业绩、有功劳的职员，而不喜欢一天到晚辛辛苦苦，最后却没有任何业绩的人。

组织最重视的是你的“功”，而不是你有多“苦”。作为一个职员，你要追求的不是“苦劳”，而是“功劳”，是业绩，是结果。

有一位房地产销售总监说：“所有企业的管理者和老板只认一样东西，就是业绩。老板给我高薪，凭什么呢？最根本的就是要看我所做的事情，能在市场上产生多大的业绩。”这就是以业绩论英雄的时代，这就是以业绩作为标准来检验一切的时代。

在市场竞争激烈的今天，组织领导首先要考虑组织的生存与发展，高帽子戴着再舒服也比不上组织利润的增长。因此，领导心中分数最高的职员，一定是那些业绩斐然的人。

男人成长法则

组织最重视的是你的“功”，而不是你有多“苦”。作为一个职员，你要追求的不是“苦劳”，而是“功劳”，是业绩，是结果。

职场生涯起伏不定，难以捉摸，唯有调动自己的全部才智，以出色的业绩对组织产生吸引力，这样才能站稳脚跟，才能得到组织的承认，才能在职场中立于不败之地。

考核职员能力的标准，是你的业绩，也唯有业绩才能体现你的价值，让你“物有所值”，得到你应得的报酬。考核领导能力的标准，是领导的业绩，组织只会看重领导取得的业绩，除此之外别无其他考核的准则。有人说过：“只要目标正确，可以不择手段去实现。”这也许有点偏激，我们当然不能用违法的手段去实现自己的目标。

但是在竞争激烈程度史无前例的今天，在一定程度上这就是真理。对于这句话，可以理解为“条条大路通罗马”。这个过程中的方法是各式各样的，就像要到某一个地方去，你可以乘车去，也可以走过去，但是最重要的一点是你必须在规定的时间内到达目的地。

不管你跑也好，跳也好，你到达了目的地就是成功。在组织里也一样，你只有在相同的环境、相同的条件下，创造出更多的业绩，才能得到上司的赏识和器重。今天是以业绩论英雄的时代，舞枪弄棒、耍嘴皮子的人在今天是注定要被淘汰的。

所以，在实际工作过程中，我们必须树立起强烈的结果和业绩意识，全力以赴，以业绩来证明自己的实力。

为未来踏实工作

每个人对未来的期许都不相同，但应该没有一个人将自己的未来设想为平庸的、毫无进展的状况。上帝是公平的，春天你付出了多少，到了金秋，你也将收获相应的报酬。

谁也不想在得过且过、碌碌无为中度过自己的一生。想要达到自己希望的高度，就要从现在开始为自己的未来铺路。因为成功不是一蹴而就的，成长也是靠一点点的努力积累起来的。从现在开始努力工作，为自己的未来工作，在自己的工作岗位上不断积累、不断成长。

要实现心中的理想，就应该脚踏实地地工作，让自己在工作中慢慢成长。想“一步登天”，那只能是

“痴人说梦”，而理想也就只会是梦想，永远不会变成现实。只有不断地在工作中学习、成长，才能丰满自己的羽翼，让自己飞得更高。

吉姆在一家五金商店做售货员，最初时每周只能赚2美元。他刚开始工作时，老板就对他说：“你必须掌握这个生意的所有细节，这样你才能成为一个对我们有用的人。”

“一周2美元的工作，还值得认真去做？”与吉姆一同进公司的年轻同事不屑地说。

这个简单得不能再简单的工作，吉姆却干得非常用心。

经过几个星期地仔细观察，年轻的吉姆注意到，每次老板总要认真检查那些进口的外国商品的账单。由于那些账单使用的都是法文和德文，于是，他开始学习法文和德文，并开始仔细研究那些账单。一天，老板在检查账单时突然觉得特别劳累和厌倦，看到这种情况，吉姆主动要求帮助老板检查账单。由于他干得非常出色，以后的账单自然就由吉姆接管了。

一个月后，他被叫到一间办公室。老板对他说："吉姆，公司打算让你来主管外贸。这是一个相当重要的职位，我们需要能胜任的人来主持这项工作。目前，我们公司有20名与你年龄相当的年轻人，只有你工作踏实、认真、一丝不苟。我在这一行已经干了40年，你是我亲眼见过的3位真正对工作认真负责的年轻人之一。其他两个人，现在都已经拥有了自己的公司，并且小有建树。"

吉姆的薪水很快就涨到每周10美元，一年后，他的薪水达到了每周180美元，并经常被派驻法国、德国。他的老板评价说："吉姆很有可能在30岁之前成为我们公司的股东。他已经在工作中经过一步步的努力，积累了大量的知识，并凭借自己的实力得到了可以升迁的机会。"

员工为老板打工，老板必须付给员工报酬，这是员工价值的一种体现。但是，除了工资之外，工作中还蕴含着许多对个人有用的知识。我们在工作中获得的报酬除金钱外，最大的收获就是经验，还有就是良好的培训、职业技能的提高和个人品德的完善。这

从现在开始努力工作，为自己的未来工作，在工作岗位上不断积累、不断成长。

些东西，如果我们在企业里工作时能很好地获得，让自己在获取知识、运用知识中成长，那么我们将会受益一生。这些无形的东西，都是为自己的未来作准备的，再多的金钱都买不来。

一位成功学专家曾经说过，一个人应该永远同时从事两件工作：一件是目前所从事的工作，另一件则是真正想做的工作。如果你能将该做的工作做得和想做的工作一样认真，那么你一定会成功。因为你正在为未来作准备，正在学习一些足以超越目前职位甚至成为老板的技巧。

男人成长法则

要实现心中的理想，就应该脚踏实地地工作，让自己在工作中慢慢成长。

当你拥有了为自己的未来工作的心态时，你就会离自己的期望目标越来越近。

成功的关键不在于学历，也不在于出身和地位，而在于我们从事的工作。如果我们能够像吉姆那样，树立起为自己的未来打工的理念，在工作中不断学习和提升自己的业务素质，那么无论从事什么工作，我们都能找到让自己成功的机会。

20几岁初出茅庐的男人刚刚步入社会这个复杂的熔炉，很少有人能一开始就平步青云。所以千万不要做一步登天的梦，要安下心来，踏踏实实地走好眼前的每一步。

我们永远无法去猜测自己现在遭遇的事情到底是幸还是不幸，所以不要轻易去评判一份工作、一个人的价值。无论多么平凡的小事、多么平凡的职位，我们用对了态度，认真地付出，最后得到的便总是成功。

第四章 激情成就卓越，坚持实现梦想

用一颗充满激情的心，全身心地投入到工作当中，这是20几岁的男人们必须要具备的心态。激情给人以智慧，赋予人以灵感；激情给人以力量，赋予人以乐趣；激情是我们事业成功和生活幸福的源泉。只有对自己的工作充满了激情，才能确保事业上的节节高升。

激情是力量的源泉

进入20几岁，逐渐步入社会的你对刚刚开始的工作拥有激情吗？众所周知，倘若一个人对自己的工作漠不关心，老板也不会把太多的注意力放在这个人身上。那么这个人便会因为被冷漠而垂头丧气，久而久之，老板也就对他丧失了信心。他会慢慢地被其他人看作空气，成为可有可无的人，通俗地说，他在工作上给自己发了一张红牌，出局了。

而那些对工作充满激情的人，不但可以提升自己的工作业绩，而且还可能取得许多意想不到的成果。美国哲学家、散文家及诗人拉尔夫·沃尔德·爱默生说过："没有激情，任何伟大的事业都不可能成功。"

对成功不利的所有因素，如迷惑、失望、恐惧、消极、颓废、猜忌、犹豫等都是由于缺少激情而引起的，这些因素的存在使我们未老先衰、止步不前；而由激情带来的希望、果断、积极、主动、兴奋等，则可以使我们获得与困难搏斗的勇气和向目标迈进的力量。

每个人内心深处都有火一样的激情，却很少有人能将自己的激情释放出来，大部分人都习惯于将自己的激情埋藏在内心深处。

如果不能使自己的全部身心都投入到工作中去，那么你无论做什么工作，都只能沦为平庸之辈，你的人生结局将和千百万的平庸之辈一样。

爱默生说过："有史以来，没有任何一件伟大的事业不是因为激情而成功的。"

对自己的工作有激情的人，不论工作有多少困难，或需要多少努力，都始终会用不急不躁的态度去进行，而且一定能够出色地完成任务。

同样一份工作，同样由你来干，有激情和没有激情，其结果是截然不同的。前者使你变得有活力，把

男人成长法则

对自己的工作有激情的人，不论工作有多少困难，或需要多少努力，始终会用不急不躁的态度去进行，而且一定能够出色地完成任务。

工作干得有声有色，创造出许多不凡的业绩，使老板对你刮目相看；而后者使你变得懒散，对工作冷漠处之，当然就不会有什么成绩，你的潜在能力也自然得不到施展。

比尔·盖茨就认为：一个优秀的员工，他所具备的最重要的素质不是什么能力、责任及其他（虽然它们也不可或缺），而是对工作的激情。他的这种理念也早已深入人心。

据微软亚洲研究院前任院长李开复回忆：一位微软的研究员经常周末开车出门，说去见“女朋友”。一次偶然的机会，李开复在办公室里看见了他，问他：“女朋友在哪里？”他笑着指着电脑说：“就是她呀。”

如果不是激情，这个微软研究员怎么会天天去找

“女朋友”？

男人步入20几岁，作为人生刚刚起步的重要阶段， 每个人的工作态度都不尽相同。对待繁忙的工作，有的人摆出一副苦瓜脸，慵懒得像只绵羊。与之相反，有的人却总是激情四射，眼睛里闪动着耀眼的光芒。

如果你是老板，你会选择哪一种员工呢？如果你是员工，你又会选择哪一种态度呢？

一个人要是充满激情，那么他做任何事时都能以饱满的热情和无穷的力量去努力奋斗。同时，他还能把他耀眼的光芒照射到其他人心中，给人以激励。

前方刀山火海，困难重重，而充满激情的人总是能坦然面对，披荆斩棘，奋力向目标前进。

激情可以被视为是生活的筹码，没有了筹码，你便会碌碌无为，一无所有。

以平常心面对成功与失败

《菜根谭》中说："败后或反成功，故拂心处切莫放手。"是说有时遭受挫折后反而会使一个人成功，所以在不遂心时不要放弃。在竞争中，我们必定会遭遇大大小小的失败，但我们无须惧怕失败，这是必经之路，失败自有失败的价值。

史玉柱曾经是20世纪90年代最炙手可热的商界风云人物，但也由于自己的张狂而一赌成恨，血本无归。从一定程度上讲，这个脑白金的创建者的成功与失败都源自他自己的性格。

经过反思，史玉柱觉得性格中一些癫狂的成分是他失败的原因。他想找一个地方静静，于是就有了一年多的南京隐居生活。在中山陵前面的一个地方有一片树林，史玉柱经常带着一本书和一个面包到那里充电。那段时间，他读了洪秀全和毛泽东的书，包括第五次“反围剿”及长征的内容。

在史玉柱看来，这些书都比较“悲壮”。那时，他每天十点多起床，然后下楼开车往林子那边走，路上会买好面包和饮料。部下在外边做市场，他只用手机遥控。晚上快天黑了就回去，在大排档随便吃一点，一天就这样过去了。

后来有人说，史玉柱之所以能“死而复生”，就是得益于那时候的“卧薪尝胆”。他是那种骨子里希望重新站起来的人。事业可以失败，精神上却不能倒下。经过一段时间的修身养性，他逐渐找到了自己失败的症结：之前的事业过于顺利，所以忽视了许多潜在的隐患。不成熟、盲目自大，野心膨胀，这些就是他性格中的不安定因素。他决心从头再来。

此时，史玉柱身体里“坚强”的秉性体现出来了，他在攀登过珠峰以及多次放松之旅后踏上了第二次创业之路。这次事业的起点是保健品脑白金。因为之前的巨人大厦事件，全国上下已经没有几个人看好史玉柱了。他的再次创业只是被更多的人看作是赌徒的又一次疯狂。但脑白金一经推出，就迅速风靡全国。到2000年，其月销售额达到1亿元，利润达到4500万。

巨人集团奇迹般地复活了。虽然史玉柱还是遭到了全国上下诸多非议，但史玉柱曾经的辉煌确实慢慢回来了却是不争的事实。赚到钱后，他没想为自己谋多少私利，他做的第一件事就是还钱。这一举动，再次使其成为众人的焦点。

因为几乎没有人能够想到史玉柱还有翻身的一天，更没想到这个曾经输得一贫如洗的人还能够还钱。但他确实做到了。

认识史玉柱的人，总说这些年他变化太大。怎么能没有变化呢？一个经历了大起大落的人，内心总难免泛起些波澜。而对于史玉柱来说，改变最多的，大概是心态和性格。几番沉浮，很少有人再看到他早些年那样的狂热、亢奋、浮躁，更多的是沉稳、坚韧和执着。即使在十分危急的关头，他也是一副胸有成竹、不慌不忙的样子。

男人成长法则

> 男人步入20几岁这个年龄，想要成就一番事业，必须有百折不挠的精神，不能因为一次两次的失败而就此放弃先前的努力和追求。

在回想自己早年的失败时，史玉柱曾特意指出，巨人大厦“死”掉的那一刻，他的内心极其平静。而现在，身价百亿的他也同样把平静作为自己的常态。只是，这已是两种不同的境界。前者的平静大概象征一潭死水，后者则是波涛过后的风平浪静。

失败不足为惧，重要的是我们如何看待失败。男人步入20几岁这个年龄，必须有百折不挠的精神，不能因为一次两次的失败就放弃先前的努力和追求。成功之道，即是过滤失败。

要想获得成功，必须不论怎样艰难也不放松，不放弃，持之以恒，锲而不舍。要知道，不能正确看待失败的人，才是真正意义上的失败。

冒险精神是成功存在的根本

男人步入20几岁这个年龄，面对突如其来的风险，如果不主动迎接，便可能承受更大的风险。墨守成规只是一种变相的等待风险，相反的，敢于冒险更让你有机会获得成功。

美国钢铁大王安德鲁·卡内基在未发迹前的年轻时代，曾担任过铁路公司的电报员。

有一次在假日期间轮到卡内基值班，电报机传来的一通紧急电报，内容令卡内基几乎从椅子上跳了起来。

紧急电报通知，在附近铁路上有一列货车车头出轨，要求上司命令替班列车改换轨道，以免发生追撞的惨剧。

当天是假日，卡内基找不到可以下达命令的上司，眼看时间一分一秒地过去了，而一班载满乘客的列车正急速驶向货车头的出事地点。

卡内基只好敲下发报键，以上司的名义下达命令给班车的司机，调度他们立即改换轨道，从而避开了一场可能造成多人伤亡的意外事件。按当时铁路公司的规定，电报员冒用上司名义发报，唯一的处分是立即革职。卡内基十分清楚这项规定，于是在隔日上班时，他便写好辞呈放在了上司的桌上。

上司将卡内基叫到办公室内，当着卡内基的面将辞呈撕毁，拍拍卡内基的肩头说："你做得很好，我要你留下来继续工作。记住，这世上有两种人永远在原地踏步：一种是不肯听命行事的人，另一种则是只听命行事的人。幸好你不是这两种人其中的一种。"

清楚地了解什么是自己该做的，什么又是不该做的，这是所有成功者都需要具备的条件。

卓越者之所以能够卓越，取决于他愿意去做一些平庸者所不愿意做的事；平庸者之所以平庸，乃在于

生命从本质上说就是一次探险，不是主动地迎接风险的挑战，便是被动地等待风险的降临。但冒险总比墨守成规让你更有机会出人头地。

他一直在做成功者所不愿意做的事。

要能够清楚地了解什么是该做或不该做的事，首要条件就是必须拥有明确的目标，其次需要有清晰的定位，最后加上智慧，这样就可以做出正确的判断了，从而把握住自己该做的事情。

世界上大多数人都不愿意去冒险。他们平平庸庸地挤在平坦的大路上，小心谨慎地走着，以为这样就可以平平安安、轻轻松松地过一生，但他们永远也领略不到人生奇异的风景。他们要在拥挤的人群里争食，说不定，某一天没有争到食物还要挨冻受饿，这难道不是一种风险吗？而且这还是一种难以逃避的风险，还是一种越来越无力改善现状的风险。就像温室里的花草，当某天寒流袭来时，最早冻死的便是这些没经历过风雨的花草。

所以，生命从本质上说就是一次探险，不是主动地迎接风险的挑战，便是被动地等待风险的降临。但冒险总比墨守成规让你更有机会出人头地。

任何事情的圆满结局都是等不来的，必须用行动促成。要打破平庸，就得敢冒一定的风险，虽然有时候免不了失败，但这种失败同样具有不可磨灭的价值，其价值就体现在后来的成功之中。

约翰·吉姆森升为公司新产品部经理后的第一件事，就是要开发研制一种儿童使用的胸部按摩器。然而，这种新产品的试制失败了，吉姆森心想，这下非要被老板“炒鱿鱼”不可。

然而，吉姆森被召去见公司的总裁时却受到了意想不到的接待。“你就是那位让我的公司赔了大钱的人吗？”总裁问道，“好，我倒要向你表示祝贺。你能犯错误，说明你勇于冒险。如果你缺乏这种冒险精神，我的公司就不会有发展了。”

数年之后，吉姆森成了公司的总经理，他仍然牢记着总裁的这句话。

一家大公司的总裁说得好：“冒险精神具备与否，实际上是一个员工思考能力和人格魅力的体现。”是的，作为一个员工，只有把冒险精神投入到工作中去，你的老板才会感觉到你的努力。

男人20几岁，要想让自己的才华和能力得以充分展现，要敢于走险路，过五关斩六将，披荆斩棘，无所畏惧。而那些不思进取的人，他们缺少了一种危机感，不愿意参与和拼搏，会被世俗的洪流渐渐吞没，上天只会赐予这种人赤裸裸的失败。

男人成长法则

要打破平庸，就得敢冒一定的风险，虽然有时候免不了失败，但这种失败同样具有不可磨灭的价值，其价值就体现在后来的成功之中。

这是一种别样的激情，让人敢于冒险，拒绝畏首畏尾。正是这种激情的牵引，才能让那些在风险中奋勇拼搏的人感受到成功的甜蜜。

击碎挫折的假象

挑战就像是一把双刃剑，利弊兼具。面对挑战，我们往往恐惧于挫折强大而狰狞的面目而止步不前，从而放弃了挑战。

殊不知每一次挑战都是对自己能力的一次升华。我们想要进步，必须经受挫折的洗礼，必须积极面对挑战，不断迎接挑战，只有这样，我们才能成为生命的强者，才能获得真正意义上的成功。面对艰辛的前途，请深呼吸，接着埋头上路。

李·艾柯卡曾是美国福特汽车公司的总经理，后来又成了克莱斯勒汽车公司的总经理。他的座右铭是："奋力向前。即使时运不济，也永不绝望，哪怕天崩地裂。”他1985年发表的自传，成为有史以来非小说类书籍中最畅销的书，印数高达150万册。

艾柯卡的生活中不光有成功的欢乐，也有挫折的懊丧。他的一生，用他自己的话来说，叫做“苦乐参半”。1946年8月，21岁的艾柯卡到福特汽车公司当了一名见习工程师。但他对和机器做伴、做技术工作不感兴趣，他喜欢和人打交道，想做销售。

艾柯卡靠自己的奋斗，由一名普通的推销员，终于当上了福特公司的总经理。但是，1978年的一天，他被董事长亨利·福特开除了。当了8年的总经理、在福特工作了32年、从来一帆风顺、没有在别的地方工作过的艾柯卡，突然间失业了。昨天他还是英雄，今天却好像成了麻风病患者，人人都远远避开他，过去公司里的所有朋友也都抛弃了他，这是他生命中最大的打击。

“艰苦的日子一旦来临，除了做个深呼吸、咬紧牙关、尽其所能外，实在也别无选择。”艾柯卡是这么说的，最后也是这么做的。他没有倒下去，他接受了一个新的挑战：应聘到濒临破产的克莱斯勒汽车公司出任总经理。

艾柯卡，这位在世界第二大汽车公司当了8年总经理的事业上的强者，凭他的智慧、胆识和魄力，大刀阔斧地对企业进行了整顿、改革，并向政府求援，舌战国会议员，取得了巨额贷款，重振了企业雄风。

1983年8月，艾柯卡把面额高达八亿多美元的支票交给银行代表。至此，克莱斯勒还清了所有债务。

男人成长法则

殊不知每一次挑战都是对自己能力的一次升华。我们想要进步，必须受到挫折的洗礼，必须积极面对挑战，不断迎接挑战。

人一生不可能一帆风顺，我们经常要面对突如其来的挫折。只有勇敢地迎上前才有战胜挫折的可能，才有提升自己的可能。

《史记》上说：“古者富贵而名摩灭，不可胜记，唯倜傥非常之人称焉。盖文王拘而演周易；仲尼厄而作春秋；屈原放逐，乃赋《离骚》；左丘失明，厥有《国语》；孙子膑脚，兵法修列；不韦迁蜀，世传《吕览》；韩非囚秦，《说难》《孤愤》；《诗》三百篇，大底圣贤发愤之所为作也。此人皆意有郁结，不得通其道，故述往事，思来者。乃如左丘无目，孙子断足，终不可用，退而论书策，以舒其愤，思垂空文以自见。”

挫折就像是一面纸糊的墙，被吓住的只有弱者，因为只有弱者才会畏惧挫折。挫折是一种催化剂，它是成功之人的动力。所以当挫折的挑战来临时，请坦然面对。

好形象是成功的通行证

很多20几岁的男人以各种理由为托词，告诉那些关心他们服饰、礼仪等个人形象的朋友，这些只是小节，不必那么在意。殊不知，正是这样的不拘小节往往会让许多重要的机遇擦身而过。个人形象并非不重要，它也是一个人成功的重要外在因素，不可忽视。

英国一位心脏病医学专家认为，整洁的外观和干净利落的外表对心脏外科医师来说是极为重要的。“你可称其为虚荣，但是我认为，那是有关自尊心的问题。”他说道，“我认为，如果我打算给我的病人诊视，告诉他们如何料理他们，而在与他们谈话时，他们看到我身体短粗肥胖，嘴角衔着根香烟，他们肯定会对我失去信任……没有谁想让一位作风邋遢、不

良好的形象犹如一支美丽的乐曲，它不仅能够让自己提升自信，也能给别人带来审美的愉悦。

修边幅的外科医生给自己做手术。”

良好的形象犹如一支美丽的乐曲，它不仅能够让自己提升自信，也能给别人带来审美的愉悦；既符合自己的心意，又能左右他人的感觉，使你办起事来信心十足、一路绿灯。所以，保持良好的形象，是一个人成就大格局必须注意的要素。

有这样一件事：

我国东北盛产大豆，以粒大、油多、脂肪丰富而闻名全国。改革开放初期，一大批农民企业家迅速崛起，陈志贵就是其中的一个。陈志贵以当地特产的优质大豆为原料，创办了一家豆粉饼加工厂。由于经营有方，业务很快就做大了，不仅发展到了全国，还发展到了东南亚地区。

一天，陈志贵收到了一张来自香港的大订单。他亲自带领工人连夜加班，终于在规定的时间内完工，将货物发往了香港。几天之后，香港公司却打来电话，说货物“有质量问题”，要求退货。

陈志贵十分纳闷，自己的产品一向以质量过硬而赢得卓越信誉，况且，这批产品由自己亲自监工生产，怎么会出现质量问题呢？一定是其他环节出现了问题！陈志贵十分自信，他简单收拾了一下行李，立即飞往香港。

当西装革履、风度翩翩的陈志贵出现在香港公司的总经理面前时，对方竟然惊讶地张大了嘴巴。虽然还不明白退货的问题出在哪里，但感觉敏锐的陈志贵已从对方的细微变化中捕捉到了什么。

在之后两天的相处中，陈志贵不卑不亢、侃侃而谈，充分表现出一个现代企业家应有的气质和风度，最终不仅使“质量问题”烟消云散，还和那位总经理成了好朋友，成了长期的商业伙伴。但是“质量问题”始终是陈志贵心中的一个疑团，因为他和对方谈的多是企业管理和人生修养方面的问题，他们根本没有再提什么质量问题。直到多年之后，陈志贵向那位总经理询问，才得知真正原因。

原来，这批货是香港公司的一个部门经理向陈志贵订的，但在向总经理汇报后，总经理得知这批货是由中国农民加工生产时，脑海里凭空臆想出了一个土得掉渣的农民形象。他顾虑重重，对那批货看也不看，就作了退货的决定。当形象良好、个性十足的陈志贵突然出现在他面前时，他才知道自己犯了个多么可笑的错误。

男人成长法则

良好的形象犹如一支美丽的乐曲，它不仅能够让自己提升自信，也能给别人带来审美的愉悦；既符合自己的心意，又能左右他人的感觉，使你信心十足。

亨利·福特说：“好形象是一个人事业成功的通行证。”这句话就是对陈志贵成功的最恰当注释，同时也为尚未成功的人提供了一把打开成功大门的钥匙。

古语有云，人靠衣服马靠鞍，衣着整洁得体可以给一个人平添几分气质和自信。它往往能在人们尚未认识你或你的才华之前，就透露出你是何种人物。因此，在这方面稍下一点工夫，你就会事半功倍。

第五章 20几岁太“闲”，30几岁被“嫌”

理想指引人前进的方向，而奋斗则是实现理想的途径。勤奋的劳动是成功的铺路石，是人们最宝贵的财富，是永不枯竭的财富源泉。对于20几岁的男人们来说，想要在事业上取得成功，就要努力克服工作上的惰性，避免生活上的恶习，用自己勤劳的双手创造自己的未来。

别让懒惰锁住你

“业精于勤，荒于嬉”，这样的古语时时刻刻警示着现在的人们。懒惰就好比是一种精神腐蚀剂，它会把人们对生活的激情消磨殆尽，以致人们从此一蹶不振。好逸恶劳是懒惰人的一大共性，人一旦懒惰成性，就懒得做任何事情，即便是自己力所能及的，也妄图坐享其成，得渔翁之利。

玉不琢不成器，能力需要通过反复的练习来培养。凡事都以旁观者的身份自居，自身的能力也会渐渐退化。正如萧伯纳所说的：“懒惰就像一把锁，锁住了知识的仓库，使你的智力变得匮乏。”

颜之推在《颜氏家训》中告诫自己的子孙说：“天下事以难而废者十之一，以惰而废者十之九。”“天下无难事，只怕有心人”，勤奋用心的人不会因为事情的艰难而放弃成功的希望。懒惰才是败事的主要原因，因为懒惰会让人的智力变得贫乏，让能力变得平庸。

对于任何一个人来说，懒惰都是一种堕落的、具有毁灭性的腐蚀剂。比尔·盖茨说：“懒惰、好逸恶劳乃是万恶之源，懒惰会吞噬一个人的心灵，就像灰尘可以使铁生锈一样，懒惰可以轻而易举地毁掉一个人，乃至一个民族。”

一位哲学家看到自己的几个学生并不是很认真地听他讲课，而且学生们对自己将来要做什么也模糊不清，于是，哲学家打算给学生上一节特殊的课。

一天，哲学家带着自己的学生来到了一片荒芜的田地，田地里早已是杂草丛生。哲学家指着田里的杂草说：“要除掉田里的杂草，最好的方法是什么呢？”学生们觉得很惊讶，难道这就是要上的最重要的一堂课吗？但学生们还是纷纷提出了自己的意见。

一个学生想了一下，对哲学家说：“老师，我有个简便快捷的方法，用火来烧，这样很节省人力。”哲学家听了，点点头。另一个学生站起来说：“老师，我们能够用几把镰刀将杂草清除掉。”哲学家也同样微笑地点点头。第三个学生说：“这个很简单，去买点除草的药，喷上就可以了。”

听完学生的意见，哲学家便对他们说道：“好吧，就按照你们的方法去做吧。如果你们不能清除掉杂草，那四个月后，我们再回到这个地方看看吧！”于是，三个学生将这块田地分成了三块，各自按照自己的方法去除草。

用火烧的，虽然很快就将杂草烧了，可是过了一周，杂草又开始发芽了；用镰刀割的，花了四天的时间，累得腰酸背疼，终于将杂草清除一空，看上去很干净了，可是没过几天，又有新的杂草冒了出来；喷洒农药的，只是除掉了杂草裸露在地面上的部分，根本无法消灭杂草。几个学生失望地离开了。

四个月过去了，哲学家和学生们又来到了自己辛苦工作过的田地。学生们惊讶地发现，曾经杂草丛生的荒芜田地现在已经变成了一块长满水稻的庄稼地。

学生们脸上露出了不解的神情。哲学家微笑着告诉他的学生：要除掉杂草，最好的办法就是在杂草地上种上有用的植物。学生们会心地笑了起来，这确实是一堂不寻常的人生之课。

对付懒惰，辛勤的劳动才是克敌之道。确实，一心想拥有某种东西，却害怕或不敢或不愿意付出相应的劳动，这是懦夫的表现。无论多么美好的东西，人们只有付出相应的劳动和汗水，才能懂得这美好的东西是多么来之不易，因而愈加珍惜它，人们才能从这种拥有中享受到快乐和幸福，

男人成长法则

玉不琢不成器，能力需要通过反复的练习来培养。凡事都以旁观者的身份自居，自身的能力也会渐渐退化。

斯坦利·威廉勋爵曾说过："一个无所事事的懒惰人，不管他多么和气、令人尊敬，不管他是一个多么好的人，不管他的名声如何响亮，他过去不可能、

现在不可能、将来也不可能得到真正的幸福。生活就是劳动，劳动就是生活，懒惰将会使人误入失败的深渊。”

只要劳动，人的体力和精神就会多多少少有所耗费，这是必然的。当然，劳动也会使人精疲力竭，但绝对不会像懒惰一样使人精神沮丧、空虚、万念俱灰。那些终日无所事事、懒惰成性、游手好闲的人是永远体会不到劳动带来的乐趣的，而他们唯一得到的，只有思想上的空虚和生活的枯燥乏味。

作好随时出击的准备

西汉人戴圣在《礼记 · 中庸》中说道：“凡事预则立，不预则废。”我们无论做什么事情，都要在行动之前进行筹划、准备。事先有准备才能获得成功，否则就会失败。因为一个缺乏准备的人一定是一个差错不断的人，因为没有准备的行动只能使一切陷入无序，最终面临失败。成功的机会只青睐有准备的人。

阿尔伯特 · 哈伯德生在一个富足的家庭，但他还是想创立自己的事业，因此他很早就开始了有意识的准备。他明白像他这样的年轻人，最缺乏的是知识和必备的经验。因而，他有选择地学习一些相关的专业知识，充分利用时间的空隙。甚至在外出工作时，他也会带上一本书，在等候电车时一边看一边背诵。他一直保持着这个习惯，这使他受益匪浅。后来，他有机会进入哈佛大学，开始了一些系统理论课程的学习。

阿尔伯特·哈伯德对欧洲市场进行了一番详细的考察，随后，他开始积极筹备自己的出版社。他请教了专门的咨询公司，调查了出版市场，尤其是从从事出版行业的普兰特先生那里得到了许多积极的建议。这样，一家新的出版社——罗依科罗斯特出版社诞生了。

由于事先的准备工作做得充分，出版社经营得十分出色。阿尔伯特·哈伯德不断将自己的体验和见闻整理成书出版，名誉与金钱滚滚而来。阿尔伯特并没有就此满足。他敏锐地观察到，他所在的纽约州东奥罗拉，当时已经渐渐成为人们度假旅游的最佳选择之一，但这里的旅馆业却非常不发达。这是一个很好的商机，阿尔伯特没有放弃这个机会。他抽出时间亲自在市中心周围进行了两个月的调查，了解市场的行情，考察周围的环境和交通。他甚至亲自入住一家当地经营得非常出色的旅馆，去研究其经营的独到之处。后来，他成功地从别人手中接手了一家旅馆，并对其进行了彻底的改造和装潢。

在旅馆装修时，他根据自己的调查，接触了许多游客。他了解到游客们的喜好、收入水平、消费观念，更注意到这些游客是由于厌倦繁忙的工作，才在假期来这里放松的，他们需要更简单的生活。因此，他让工人制作了一种简单的直线型家具。这个创意一经推出，很快受到人们的关注，游客们非常喜欢这种家具。他再一次抓住了这个机遇，一个家具制造厂诞生了。家具公司蒸蒸日上，也证明了他准备工作的成效。同时他的出版社还出版了《菲利士人》和《兄弟》两份月刊，其影响力在《致加西亚的信》一书出版后达到顶峰。

阿尔伯特深深地体会到，准备是一切工作的前提，是执行力的基础。因此，他不但自己在作任何决策前都认真准备，还把这种好习惯灌输给他的员工。不久之后，“你准备好了吗”已经成为他们公司全体员工的口头禅，成功地形成了“准备第一”的企业文化。在这样的文化氛围中，公司的执行力得到了极大的提升，工作效率自然显而易见。

有位成功学家如是说："成功不会属于那些没有丝毫准备的人。那些没有准备的人，即使有成功的机会，也会因为没有精心准备而错失，甚至将已经到手的成功拱手让给别人。"的确如此,成功必须经过努力奋斗才能够获得，岂能是一个没有任何准备的人可以得到的呢？然而有些机会是不知道什么时候才会降临的，因此我们不能松懈怠慢，要时刻作好准备，让自己保持在最佳状态，以便机会出现时，我们可以一把抓住。

男人成长法则

伟大的成功往往是由意外的机遇促成的。如果一个没有丝毫准备的人，即使是机遇出现在他面前也是会被错过的。

塞缪尔·约翰逊说："最明亮的欢乐火焰大概都是由意外的火花点燃的。人生道路上不时散发出芳香的花朵，也是偶然落下的种子自然生长起来的。”伟大的成功往往是由意外的机遇促成的。如果一个没有丝毫准备的人，即使是机遇出现在他面前也是会被错过的。

成功的机会，只会青睐有准备的人，它不相信眼泪，它与懦弱胆小、松懈懒惰、蛮干盲从无缘。懦弱胆小的年轻人，一遇困难便裹足不前，魄力不足、谨慎有余，不足以成大事；松懈懒惰的年轻人，毫无危机感以及责任感，在享乐主义的驱使下挥霍人生；蛮干盲从的人，遇事毫无主见，只会跟在别人后面亦步亦趋，结果往往是事半功倍；只有积极作好准备的人，才能在20几岁把握住成功的机会，创造辉煌。

创业引导成长

随着信息时代的来临，职场上的竞争愈演愈烈，“僧多粥少”成了当今年轻人就业的严峻形势。在这种背景下，“创业”一词越来越被年轻人所熟悉，很多人涌进了创业的潮流中，结果无论成功或失败，相信他们都经历了“创业”这堂人生成长课。在这堂课中，责任、人脉、担当、全心全意成了主要的课程，并最终引领着你走向成熟的人生。

中山圣雅伦公司董事长梁伯强被媒体称为“鬼才”、“每根头发都是竖起的天线”的“指甲钳大王”。他凭借的就是对信息的敏感嗅觉和“捕风捉影”的超人能力。

1998年春天的一个下午，梁伯强读到报纸上刊登了一篇题为《话说指甲钳》的文章。文中写道：朱总理在接见全国轻工企业职工代表大会代表时，谈到了对指甲钳质量的不满。朱总理说，他没用过一个好的指甲钳，我们国家生产的指甲钳，剪两天就剪不动了，即使使出大劲也剪不断指甲。文章中说，当时朱总理还特意带来三把台湾朋友送给他的指甲钳，向与会代表展示其过硬的质量、美观的造型和实用的功能，并以此为例，激励大家要对产品质量高度重视，希望科技进步和技术创新，开发更多更好的新产品，把产品质量、档次尽快提高上去。

看完这些，梁伯强不禁想到，一个小小的指甲钳能在朱总理心中挥之不去，可见这绝非小事，这里肯定有市场空白。梁伯强兴奋异常，他又想如果自己能做出质量过硬能满足消费者要求的指甲钳来填补这个市场空白，不就获得了一个发展的机遇吗？想到这，他越发抑制不住心中激动的心情，立即决定着手此事。

经过深度的市场调查，梁伯强了解到，中国台湾销售的指甲并非产自台湾，而是来自韩国和日本。

其中，韩国的指甲钳占据了世界指甲钳销量的头名。这一下，梁伯强心里有了底，要做出质量过硬的指甲钳，需要到世界上指甲钳质量最好的厂家去学习技术。1998年10月，梁伯强踏上了前往韩国的征程去学艺。他以做韩国著名的777牌指甲钳公司的代理产品为名，一口气买了30万元的货，然后以质量问题为理由，使对方老板亲自带梁伯强参观了生产的全过程。这学艺的过程，前前后后花了他一年多的时间。

学成归来的梁伯强倾其所有，在宁波开发区投资了指甲钳生产线，并注册成立了圣雅伦有限公司。经过几年的发展壮大，圣雅伦指甲钳销售额达到两亿多元，产品在全国四百多个商场销售，并成为中国指甲钳行业的第一品牌，进入世界指甲钳行业的第三名。

当然，控制成本、打造品牌、突出优势等等也是创业课中年轻人会慢慢接触到的内容。这里，也可以从创业误区的角度来了解一些年轻人易犯的错误。

1. 对小生意不屑一顾

现在很多人在投资创业时，都将目光投向高、

很多人涌进了创业的潮流中，结果无论成功或失败，相信他们都经历了“创业”这堂人生成长课。

精、尖产品，不愿意做小产品，研究小项目。一开始就希望赚大钱，认为小打小闹成不了大气候。其实，世界500强企业中的美国吉利、麦当劳，当家产品也不过是剃须刀和汉堡包这样的“小玩意儿”。生产螺丝刀也好、绣花针也好，一旦做成规模、做出品牌了，都有很大的前景。很多外国人说中国是“投资者的天堂”，因为我们国家的需求量很旺盛，一旦做出一点业绩，做大做强的可能性就比在发达国家要高很多。

男人成长法则

创业时不一定非得等到资金全部到位才动手，这不但会错失良机，也会使创业的计划搁浅。有时，只要善于把握机会，再小的钱也会起到很大的作用。

2. 过于看重启动资金

有许多人总是以自己手中没有钱为借口拒绝创业，其实，资金不是创业最大的问题。财富的扩张是一个不断积累的过程，创业时不一定非得等到资金全部到位才动手，这不但会错失良机，也会使创业的计划搁浅。有时，只要善于把握机会，再小的钱也会起到很大的作用。

不安于现状，不满足于现状，不享受安逸，不输给惰性。创业这堂课，它引领着年轻的你进入冒险的森林，你也许会害怕，会迷茫，会狼狈，会不知所措，但当你走出森林的那一刻，当你看到崭新的阳光扑面而来时，你会惊觉，原来你的人生早已充实而饱满了。

没有不劳而获的成功

20几岁的男人正处于青春稚嫩的时期，会将世事想得浅一些，对世界的猜测和幻想也会显得十分稚嫩。他们往往容易受到安逸的诱惑，产生不劳而获的不良习惯；往往将成功看作投机行为，侥幸心理严重。对于成功的企盼无可厚非，但是取得成功的途径确实需要年轻人好好对待。从来没有不劳而获的成就，即使有了，那也是毫无根基的海市蜃楼，不久也就烟消云散了。

韩非子在《五蠹》中叙述了一个守株待兔的故事，大家都很熟悉。

农夫很幸运地捡到一只撞死在树桩上的兔子，这种得来不费工夫的美事让他非常中意，于是他每天守着树桩等着捡兔子，以致田地荒芜。

农夫因为一次幸运而怀着侥幸的心理期待不劳而获，结果荒废了事业。下面出场的这位老铁匠为了免于这些，做出了令常人觉得不可思议的一个举动。

老街上有一位老铁匠，由于早已没人需要打制的铁器，他现在改卖铁锅、斧头和拴小狗的链子等物品。他的经营方式非常悠闲自得，人坐在门内，货物摆在门外，不吆喝，也不去做讨价还价的麻烦事，晚上也不收摊。无论什么时候从这儿经过，都会看到他在竹椅上躺着，手里是一个半导体，身旁是一把紫砂壶。优哉游哉，聊以卒日。

他的生意也无所谓好与坏，每天的收入能支持他喝茶和吃饭。他老了，已不再需要多余的东西，因此他感到非常满足。一天，一个文物商从老街经过，偶然看到老铁匠身旁的那把紫砂壶。商人见那把紫砂壶外观古朴雅致，紫黑如墨，有清代制壶名家戴振公的风格，于是他走过去，顺手端起那把紫砂壶仔细端详起来。商人发现壶嘴内有一记印章，果然不出所料，是戴振公的，商人惊喜不已。因为戴振公在世界上有捏泥成金的美名，据说他的作品现在仅存3件。

商人止不住心中的喜悦，端着紫砂壶把玩不止，想以10万元的价格将它买下。老铁匠先是一惊，而后又拒绝了。因为这把紫砂壶是他爷爷留下的，他们祖孙三代打铁时都喝这把紫砂壶里的水，他们的汗也都来自这把紫砂壶。紫砂壶虽没卖出去，但商人走后，老铁匠有生以来第一次失眠了。

这把紫砂壶他用了近六十年，并且一直以为是把普普通通的壶，现在竟有人要以10万元的价钱买下它，他转不过神来。过去他躺在椅子上喝水，都是闭着眼睛把壶放在小桌上，现在他总要坐起来再看一眼，这让他非常不舒服。特别让他不能容忍的是，人们知道他有一把价值连城的茶壶后蜂拥而至，有的还问有没有其他的宝贝，有的开始向他借钱，更有甚者，晚上还来敲他的门。他的生活被彻底打乱了，他不知该怎样处置这把紫砂壶。

当那位商人带着20万元现金第二次登门的时候，老铁匠再也坐不住了。他招来左右店铺的人和前后邻居，拿起一把斧头，当众把那把紫砂壶砸了个粉碎。现在，老铁匠还在卖铁锅、斧头和拴小狗的链子等物品，据说他已经102岁了。

如果这位老铁匠将紫砂壶以20万元的价格卖出，也许从此他会像那个守株待兔的农夫一样心怀侥幸，使自己的生命荒芜了。

事情往往是这样，那些心存侥幸、寄希望于幸运的人往往会双手空空、一无所获。我们必须清楚这样一个事实：所有的成功都是通过一步步尽力的工作和耐心积累才得以实现的，没有付出就没有收获。

男人成长法则

> 所有的成功都是通过一步步尽力的工作和耐心积累才得以实现的，没有付出努力就没有收获。

别幻想世上有什么“炼金术”，获得黄金的唯一办法就是踏实努力地工作。然而我们很多人总还是抱有幻想，希望自己能在马路上捡到一大摞钞票，希望自己能中上大奖，却对成功致富的大道视而不见，这样去寻求成功和财富难道不会感到迷惑吗?

我们必须明确：自己不做出实实在在的努力，不付出勤勤恳恳的实践，到头来必定也是浪费了年轻的生命，收获无声的叹息。因此我们必须及早明白踏实付出的重要性，真正的付出和努力，即便没有马上带来成功，那种心里的安稳感也是人生的巨大满足。

第六章 拆掉思维的墙，人生才能不设限

对于20几岁的男人来说，想要真正不同于别人，就要突破思维定势，推翻长久的思维惯性，充分运用才智，提出具有创新思维的想法或建议。创意是企业的生存之道，年轻人要学会利用自身的优势，及时吸收最新信息，不断变换头脑，打破常规，才能立足于企业，超越他人。

突破你的思维定势

“瓶颈”一词现在常常被人们提及，意指一件事情的完成出现了困难，一时之间对这件事情束手无策，觉得无计可施。事后，如果我们再对这个问题进行思考时，往往会发现，有时并不是这件事情本身的困难，也不是我们的能力有限，而是我们陷入了思维定势，没有换个想法试试看。

也许你从高中起，就开始背关于创新的大段理论。后来上了大学，你渐渐明白：原来学习那些曾经让你头大的理论是因为我们的时代正处于创新的时代，而我们正是这个时代的弄潮儿。然后参加了工作，你发现创新无处不在，可是会背理论不代表你就是个很有创意的人。审视一下自己：你可以突破定势，勇于创新吗？

有一个男孩在报上看到一份招聘启事，这正好是他喜欢的工作。第二天早上，当他准时前往应征地点时，发现应征队伍中已有20个男孩在排队。

男孩意识到自己处于劣势了。如果在他前面有一个人能够打动老板，他就没有希望得到这份工作了。他认为自己应该动动脑筋，运用自身的智慧想办法解决困难。他不往消极方面思考，而是认真用脑子去想，看看是否有办法解决。

他拿出一张纸，写了几行字，然后走出行列，并要求后面的男孩为他保留位子。他走到负责招聘的女秘书面前，很有礼貌地说："小姐，麻烦你把这张纸交给老板，这件事很重要。谢谢你！"

若在平时，秘书会很自然地回绝这个请求，但是今天她没有这么做。因为她已经注意这些男孩有一阵子了，应聘的人有的表现出心浮气躁，有的则冷漠高傲。而这个男孩一直神情愉悦，态度温和，礼貌有加，给她留下了深刻的印象。于是，她决定帮助他一

陷入思维定势之后，要想再有所突破就非常困难了。要看得更远，一定别让自己设定的“常识”禁锢了思想，打开思维才能做得更好。

回，便将纸条交给了老板。

老板打开纸条，见上面写着这样一句话："先生，我是排在第21号的男孩。在见到我之前请您不要作出任何决定，好吗？"

最后的结果可想而知，任何一位老板都会喜欢这种在遇到困难时开动脑筋、积极寻找解决办法的员工。他已经有能力在短时间内抓住问题的核心，想办法转变自己的劣势，然后全力解决它，并尽力做好了。这样的聪明员工，老板怎么会不用呢？

创新可以让你成为不可替代的人。也许你的学历不是最高的，经验不是最丰富的，技术不是最熟练的，但是你的创新能力是价值非凡的。

男人成长法则

陷入思维定势，要想再突破就非常困难了。要看得更远，一定别让自己设定的"常识"给禁锢了思想，打开思维才能做得更好。

陷入思维定势，要想再

突破就非常困难了。要看得更远，一定别让自己设定的“常识”禁锢了思想，打开思维才能做得更好。

“一个聪明的人头脑价值连城！”这是美国著名小说家欧·亨利的话。的确，头脑的力量是无穷的。重要的是你要去发掘。我们太多人自恃有能力、知识、经验，给自己定义什么是“常识”“常规”，无形当中就把自己禁锢在这些思维定势之中，自然就不会想到突破。能力、知识、经验只是对以往事物的体会，可以作为参考，但决不能作为行为准则。

不按常理出牌

“穷则变，变则通”，当发展遇到穷困窘迫时，就试着改变吧。人不断地变革创新，就会充满青春活力。资源有限，但创意的创造力是无限的。

在创新尚属于人类个体或群体中的个别杰出表现时，人们循规蹈矩的生存姿态尚可为时代所容。在创新将成为人类进行生存竞争的不可或缺的素质时，依然采用一种循规蹈矩的生存姿态，则无异于一种自我溃败。

英国GKN公司始创于工业革命开始时期，到19世纪末，已发展成为世界最大的钢铁企业之一。但是，随着钢铁工业的国有化，GKN公司失去了主要支柱产业，只剩下一个空壳。

GKN未来何去何从？围绕着GKN的前途问题，公司的高层管理人员争论不休。霍尔兹沃恩当时在GKN公司内任会计师，有幸参与了这场争论。在经过缜密的调查后，霍尔兹沃恩谨慎地向GKN公司董事会呈交了一份有关公司发展前途的战略报告。

按照霍尔兹沃恩报告得出的结论：GKN公司将不再是一个钢铁集团公司，公司应立即转向开发新产品。但是，GKN公司刚刚创建了一家年产600万吨钢管的钢管厂，如果采纳霍尔兹沃恩的建议，钢管厂将被取缔，所有投资都将化为乌有；再者，霍尔兹沃恩不过是一名微不足道的会计师。在权衡“利弊”之后，GKN公司的决策集团放弃了霍尔兹沃恩的建议，仍按既定方针推进钢管厂的生产。

不出乎意料，历史的进展完全证实了霍尔兹沃恩的战略预测。仅仅过了两年，GKN公司的钢管厂陷于困境，不得不停止生产。董事们在焦头烂额之际才想起了霍尔兹沃恩，于是破格把他提升为公司的副总裁兼常务经理，霍尔兹沃恩上任后就着手公司转向的工作。

他买下比尔菲尔德公司，将该公司生产的一种新型产品投入欧洲和北美市场；又开发出一种廉价的运输机，并使产品畅销全世界。GKN公司面貌顿时焕然一新。不久，霍尔兹沃恩又研制出新型战斗机“勇士”号，一举占领了英国军用机市场，为GKN公司带来了巨大的利润。

1980年，霍尔兹沃恩因业绩非凡而被公司任命为董事长。这时，英国的钢铁工业陷入一团糟的窘境，GKN公司也因此受到冲击。

面对新形势，霍尔兹沃恩的同行们都认为这是工人罢工造成的，霍尔兹沃恩在调集了各方面的资料进行研究后，提出了一个完全不同的观点：这是英国工业衰退的先兆，更大的衰败即将来临。

霍尔兹沃恩毫不犹豫地采取措施改变公司的产业结

男人成长法则

20几岁的男人要想开辟一个全新的事业领域，很重要的一点，就是不要按照常理出牌，给自己找一个全新的“蓝海”去参与竞争。

构。他先后卖掉了公司在澳大利亚的钢铁业股权和英国的传统机械公司，同时在法国、美国和英国本土创办了五家新公司。对霍尔兹沃恩的大胆举措，许多董事提出质疑。

霍尔兹沃恩不为所动，坚持“我行我素”。不久，英国工业的全面衰败果然来临，GKN公司因早有准备，使损失降到了最低，而其他公司则纷纷倒闭。人们无不为霍尔兹沃恩的高瞻远瞩和果断举措而赞叹。

如今，GKN公司已成为全世界开发复杂新型机械产品和应用最新技术的领头羊，霍尔兹沃恩也成为一位举世公认的企业战略家，成为英国工业界的骄傲。

霍尔兹沃恩作出产品转向和产业结构调整的两项改变，在严峻形势下挽救了GKN公司。面对窘境，最好的出路就是改变、创新。

20几岁的男人要想开辟一个全新的事业领域，很重要的一点，就是不要按照常理出牌，给自己找一个全新的“蓝海”去参与竞争。

跳出书本的界定

每一个人20几岁的男人都渴望成功，尤其是学了一身本领的人，更渴望能在社会上一展身手。很多人都在为寻找成功的捷径而苦苦思索着。事实上，很多成功的机会就在你的身边。思路决定出路，只要能够转换思路，那么你便可四两拨千斤。

终日任劳任怨、埋头苦干固然是很好的品质，但遇到问题硬碰硬，只会蛮干，不知变通也不会以柔克刚，最终只会事倍功半。如果懂得转换思路，就能“四两拨千斤”，让问题迎刃而解。

一个人如果想提高自己的工作效率和工作绩效，其关键之道，不在于苦干，而在于巧干。

人们常说：一件事情需要三分的苦干加七分的

巧干才能完美。这句话的意思是行事时要注重寻找解决问题的思路，用巧妙灵活的思路解决难题。也就是说，“苦”的坚韧离不开“巧”的灵活。一个人做事，若只知下苦工夫，则易走入死路；若只知用巧，则难免缺乏“根基”。唯有三分苦加上七分巧，才能更容易达到自己的目标。

一个铁块的最佳用途是什么？有个人是个技艺不纯熟的铁匠，而且没有想提高技艺的雄心壮志。在他的眼中，这个铁块的最佳用途莫过于把它制成马掌，他为此还自鸣得意。他认为这个粗铁块每磅只值两三分钱，所以不值得花太多的时间和精力去加工它。他强健的肌肉和三脚猫的技术已经把这块铁的价值从1美元提高到10美元了。对此他很满意。

此时，来了一个磨刀匠，他受过很好的训练，有一点雄心和眼光。他对这块粗铁的价值看得更深些，他研究过很多煅冶的工序。于是，他把铁熔化掉，碳化成钢，然后经过煅冶，把它们加热到白热状态，然后投入到冷水或石油中以增强韧度，最后他细致耐心地进行压磨抛光。

当所有这些都完成之后，奇迹出现了，他竟然制成了价值2000美元的刀片。铁匠惊讶万分，因为自己只能做出价值仅10美元的粗制马掌。没想到经过提炼加工，这块铁的价值被大大提高了。

另一个工匠看了磨刀匠的出色成果后说："如果依你的技术做不出更好的产品，那么能做成刀片已经相当不错了。但是你应该明白这块铁的价值你连一半都还没挖掘出来，它还有更好的用途。我研究过铁，知道它里面藏着什么，知道能用它做出什么来。"与前两个工匠相比，这个匠人的技艺精湛，眼光犀利。

他受过更好的训练，有更高的理想和更坚韧的意志力，他能更深入地看到这块铁的分子——不再囿于马掌和刀片——他用显微镜般精确的双眼把生铁制成了最精致的绣花针。他认为他已经榨尽了这块铁的价值。当然，制作肉眼看不见的针头需要有比制造刀片更精细的工序和更高超的技艺。

这时又来了一个技艺更高超的工匠，他的头脑更灵活，手艺更精湛，更有耐心，而且受过顶级训练，他对马掌、刀片、绣花针不屑一顾。他用这块铁做成了精细的钟表发条。别的工匠只能看到价值仅几千美元的刀片或绣花针，但他那双犀利的眼睛却看到了价值10万美元的钟表发条。

但是，铁块的价值还没有完全被发掘出来，还有一个工匠，他的工艺水平更是登峰造极。他拿来一块钢，精雕细刻之下所呈现出的东西使钟表发条和针头都黯然失色。待他的工作完成之后，你就会见到牙医常用来勾出最细微牙神经的精致钩状物。1磅这种柔细的带钩钢丝，如果能收集到的话，要比相同重量的黄金贵几百倍。

男人成长法则

很多成功的机会就在你的身边。思路决定出路，只要能够转换思路，那么便可四两拨千斤。

关于开动脑筋有一句顺口溜：脑袋空空，口袋空空；脑袋转转，口袋满满。要想赚钱，就要开动脑筋、不断创新，为自身发展闯出更广阔的新天地。要问钱来自哪里，它就来自你的头脑！人与人的最大差别是脖子以上的部分，有的人长期走入赚钱的误区，一想到赚钱就想到开工厂、开店铺。如果不突破这一想法，不改变思路，就抓不住新的机遇。

真正想一想，成功与失败，富有与贫穷，只不过一念之差。

要想改变现在的处境，就要先改变自己的思路！

好奇无限，创意无限

我们经常会碰到那些满脑子总是充满奇怪、有趣想法的人，这些人都有一双善于发现的眼睛和一颗充满好奇的心。如果我们希望在工作和生活中做一个有创意的人，单靠一厢情愿的热忱是不够的。

经过一段时间刻意地锻炼，我们的目光和思维会发生意想不到的改变，虽然看山看水还是山水之色，但过去自己不会注意到的细节、欣赏的角度、思考的程度都会发生显著的变化。要做到目光敏锐确实不是一件容易的事情，但有一点可以明确，好奇心强的人常常更容易发现好的创意。

爱因斯坦在幼年时曾惊讶于罗盘的指针永远指向北方，并由此唤起了他对科学研究的好奇心。后来他说："我没有特别的天赋，我只有强烈的好奇心。"一语道出了科学家成功的奥秘之所在。

一天，法国科学家阿伦·艾杰布里希特正在试验室里仿造一种巴格达的电池，这是一种古老的方法，是用一些陶瓷的瓶子、铁棒、铜管再加上一些溶液来制作的。阿伦将这些东西放在一个器皿里，然后从新鲜的葡萄里榨出些汁液，倒入了铜管之中，这时候，他看见电压表的指针在移动，试验成功了。阿伦为自己的试验成功感到非常兴奋，他转身去找一个本子，想记录下这个实验的全过程。可能是因为太兴奋了，他顺手去取笔记本的时候，一个不小心打翻了放在架上的一个小雕像，雕像恰好掉进一个盛满黄金溶液的盆子里。阿伦吃了一惊，但他没有去动那雕像，因为黄金溶液很珍贵，必须要小心处理才行。他想：我要先将实验的记录整理好，再来处理这倒霉的雕像吧。

等到这一切做完以后，他才来考虑如何处理这雕像身上的金粉。当阿伦小心翼翼地、轻轻地一遍又一遍刷的时候，一件怪事出现了：这些金粉怎么也刷不下来。阿伦顿时大为惊讶。原来，他试验成功以后，这电池的两根导线恰好也掉进了这盆黄金溶液里，在电解的作用下，金粉均匀地依附在了这座雕像的表面上。阿伦立即停下了手中所有的工作，专心致志地研究这个新发现。就这样，人类有了电镀的技术。

阿伦·艾杰布里希特并没有因为金粉刷不下来导致蒙受损失而大为恼火，而是好奇地思考他之所以刷不下来的原因，接着进行深入研究才有了电镀技术的诞生。

可见好奇心往往是科学发现的动力之一，更是创造机会的重要途径。因此我们要敢于不满足现状，对任何异常的现象都要多加观察，大胆提出设想。在这样的条件下产生出的好奇心，通常都能得到意外而又惊人的成果——你的一生很可能就因此而改变。

前面我们所举的例子都是一些著名科学家的事迹，或许你会发问：一个普通人也能凭借好奇心而创造出财富的机遇吗？告诉你，千万不要妄自菲薄，不要轻视自己的能力。

好奇，不只是科学研究人员必具的品质，一切想有所发现、有所创造的人们，都应当具备这种起码的品质。因为想在自己的工作中保持热情和动力，创新思维是一个十分重要的推动力。

男人成长法则

> 要做到目光敏锐确实不是一件容易的事情，但有一点可以明确，好奇心强的人常常更容易发现好的创意。

假设我们从事的是较为枯燥、死板的程序化工作，就更需要我们把目光放在那些可以改变、优化的细节上，这样才会给工作带来有意义的突破，自己才会在工作中具有不可替代的价值，而现代企业最需要的也就是这样不可替代的人才。

创意无处不在，又处处隐蔽。只有拥有一双敏锐的眼睛和灵活的头脑才能抓住那稍纵即逝的灵感，才可以有所创新。一切都不会太晚，只要从现在开始改变自己的目光，从身边的点点滴滴做起，你就会用好奇的心握住创意的手。

勇于检验自己的创意

一项创新活动，除了要求具备相关的必要知识、专心致志的思考和深邃敏锐的洞察力之外，还需要不怕犯错、敢于检验并实践自己创意的勇气。因为在进行一项较大的创新项目的过程中会遇到很多挫折和困难。如果你没有遇到挫折和困难，那只能说明你做的事情没有多大的创新性。况且你想到的创意不一定完全是对的，因此具备检验创意的勇气是非常关键的。

朗加明在他的著作《创新的奥秘》中提到：“创新，创造新的世界的真正奥秘在于：创新首先是一种由创新者的素质和创新者的思路组成的运行机制，它是一个由创新者的素质转化为创新者的思路、再由创新者的思路转化为创新者的行为的复杂过程。”创新是一件很复杂的过程，遇到的困难和挫折自然也非常多，但此时你需要勇气去排除万难，走自己认定了的创新之路。

位于美国俄勒冈州的纽波特海湾，一年四季风光旖旎，海风习习，宁静而安详。在海湾的一个小镇上，人们过着远离尘嚣的生活，除了海浪扑向海岸的声音，其他的一切都沉睡着。没有摇滚，没有“嬉皮”，没有“朋克”，一切来自大城市的污染都没有。偶尔有三三两两的游客到这里来转转，都显得特别扎眼。

莎莉斯和科利尔决定在这里开设他们的旅馆。这无疑是一个冒险的举动，靠旅客吃饭的旅馆，面对的却是每日寥寥无几的外来人，来小镇办事的人大都住在政府开办的招待所。朋友和亲人都认为他们疯了。但是8年后，当人们再看到莎莉斯和科利尔这家名为“西里维亚·贝奇”的旅馆时，红火的生意让人垂涎，每年有数以万计的游客在这里下榻住宿。现在想来西里维亚·贝奇旅馆住宿的顾客，需要提前两个星期预订房间。当然，小镇也因此人气渐旺，但宁静依然。

莎莉斯和科利尔是如何把游客吸引来的呢？谜底是小说。8年前，莎莉斯和科利尔还在俄勒冈州的一家大酒店里供职。在工作中他们发现，很多人在旅游之际，不愿意去酒店里的酒吧、赌场、健身房等娱乐场所，也不喜欢看电影、电视，而是喜欢静下心来在房间里看书。

时常有游客问科利尔，酒店里能不能提供一些世界名著？酒店里没有，爱看小说的科利尔满足了他们。问的人多了，莎莉斯就留心起来。一段时间后，她发现这一消费群体相当庞大。现代社会的压力极易让人浮躁，人们强烈地要求释放自己。有的人就去酒吧疯狂，去赌场寻求刺激来发泄；而另一部分人偏爱寻求一方静地让自己远离并躲避一切烦恼与压力，看书是一种最好的方式。开一家专门针对这类人群的旅馆，是否可行呢？

莎莉斯在一次闲聊时，把这个想法对科利尔说了。没想到他早就注意到这一现象，两人一拍即合，找到了一块安静的地方，即纽波特海湾这个偏僻的小镇。他俩集资购买了一幢三层楼房，设客房二十套。房间里没有电视机，旅馆内没有酒吧、赌场、健身房，连游泳池都没有。这就是科利尔和莎莉斯所想要达到的效果。

男人成长法则

创新是一个很复杂的过程，遇到的困难和挫折自然也非常多，但此时你需要勇气去排除万难，走自己认定了的创新之路。

随着时间的推移，“小说旅馆”的影响日渐扩大。莎莉斯和科利尔书店生意的兴隆，也显示出了其“小说旅馆”客人的增加。在旅馆的每个房间和庭院里，随处可见阅读小说、静心思考、埋头写作的人。甚至一些大牌演员和编剧也在这里讨论剧本。一些新婚夫妇以住在旅馆中用法国女作家科利特命名的“科利特客房”中度蜜月为荣。

可以想象，在一个偏僻的小镇开一个旅店，每日稀少的客流量也许会让这个普通的旅店入不敷出。但是莎莉斯和科利尔的眼光在于那群喜欢安静、轻松的人，“小说旅馆”是他们的创意，而且他们也有承担入不敷出这一后果的冒险勇气，所以才在众人之外开辟了一条“小说旅馆”的全新道路。

创新并不是简单的变化，再完美的创意也需要你有勇气去实践，否则一切都是空想。

第七章 会什么要明白，学什么更重要

时代飞速发展，信息层出不穷，对于知识或技术的掌握只能靠不断的学习才能更新。活到老，学到老，对于现代职场人来说不再是一句空话。对于20几岁的男人们来说，学会为自己投资，参加职业培训，完善专业技能，了解更多的投资策略，是个人未来良好发展的基基础。

勇敢犯错，从错误中学习

很多追求完美的人，都希望自己的人生尽量不要出现瑕疵，但这样的完美却是极少的。人总会有缺点与不足，世间的诸多意外也使得人生充满了不确定性。于是，在这些综合原因的促成下，人只能循序渐进地成长，错误与失误则会成为生活中不可避免的组成部分。想要取得最后的收获，不能只是避免错误，而是要从错误中学习，不断地改进、完善自己。

敢于冒险的人并不多，而这不多的敢于冒险的人数和成功者的人数，恰好成正比。在工作中，有一些人像林妹妹初进贾府一样，生怕走错一步路，说错一句话，因此不敢冒险。其实，刚到一个岗位的时候是同事对你的容忍度最大的时候，如果你在这个时候就一味地希望平安无事，以后就很难再有突破了。

职场犯错会影响到个人的前途，但不犯错则可能永远也没有前途。如果你只会做机械性的工作，不停地模仿他人，不追求自我创新、自我突破，认为多做多错、少做少错，你将很难有机会从工作中得到发展的机会。

在科学上也常常会有一些经常犯错误的人：

诺贝尔的一生和炸药紧密相连，炸药带给他欢乐，也带给他痛苦，带给他责骂，也带给他赞扬。

诺贝尔的父亲就是一个炸药爱好者。诺贝尔很小的时候就看见父亲研究炸药。父亲研制的水雷曾被俄军在克里米亚战争中用来阻挡英国舰队。由于父亲经常换工作，诺贝尔所受的教育多半来自家庭教师。

17岁时，诺贝尔以工程师的名义到了美国，在有名的艾利逊工程师的工厂里实习。实习期满后，他又到欧美各国考察了4年。不久，父亲从俄国搬回瑞典。当时正是采矿业发展的时期，对性能稳定的炸药需求旺盛，诺贝尔决定改进炸药的生产。

在诺贝尔之前，中国“四大发明”之一的黑色火药早已传到欧洲，但黑色火药的威力不够大。而另一种新的炸药又是个“爆脾气”，容易爆炸，制造、存放和运输都很危险，人们不知道该怎么使用它。诺贝尔的哥哥曾试图制造出更好的炸药，但却没有实用价值。诺贝尔和他的弟弟一起建立了实验室，继续哥哥的研究。经过多次的试验，诺贝尔终于发明了使硝化甘油爆炸的有效方法，并取得了这项发明的专利权。

初获成功之后，意外却降临了。1864年9月3日，实验室发生爆炸，当场炸死了5人，其中包括诺贝尔的弟弟。这场事故不仅让诺贝尔失去了亲人，也失去了邻居们的信任。再也没有人愿意他在附近办实验室，诺贝尔只好把设备转移到一只船上。几经波折，诺贝尔还是建造了世界上第一个硝化甘油工厂。

但这并不是故事的结尾。世界各国买了他制造的硝化甘油，却经常发生意外的爆炸事故：美国的一列火车，因炸药爆炸，成了一堆废铁；德国的一家工厂，因炸药爆炸，厂房和附近民房变成一片废墟；“欧罗巴”号海轮，在大西洋上遇到大风颠簸，引起硝化甘油爆炸，船沉人亡。世界各国对硝化甘油失去信心，但诺贝尔没有灰心，而是去想办法解决硝化甘油不稳定的问题。

1867年7月14日，诺贝尔在英国的一座矿山做了一次对比实验：他先在一箱安全炸药上点燃木柴，结果没有爆炸；再把一箱安全炸药从大约 20米高的山崖上扔下去，结果，也没有爆炸；然后，他在石洞中装入安全炸药，用雷管引爆，结果都爆炸了。这次实验，获得了完全的成功，给参观的人留下了深刻的印象。诺贝尔的安全炸药，确实是安全的。不久，诺贝尔建立了安全炸药托拉斯，向全世界推销这种炸药。

诺贝尔的一生仅炸药专利就达129种，他一生从未成家，陪伴他的只有满身的“火药味”。

男人成长法则

想要取得最后的收获，不能只是避免错误，而要从错误中学习，不断地改进、完善自己。

其实，很多科研上的成功也是从错误中总结出来的。青霉素也好，炸药也好，钨丝灯也好，都是人们在经历了很多的错误之后，“偶然”发明的。

失败之于成功并不是一无是处的，成功是在一次又一次的失败之后才获得的。错误也是如此，它给予年轻人学习的机会，让他们从错误本身去重新思考问题。一心只盼成功的人，又怎么了解自己的不足之处呢？常言道，从哪里跌倒就从哪里爬起来。的确如此，从跌倒之处寻找失足的原因才能保证自己往前行进。

谨记自我完善

总有那么一群人，安守于自己的本职工作，忙里偷闲，不愿通过学习他人来完善自己的技能。这种人在职场上注定只能庸庸碌碌。

有两个问题一直困扰着20几岁的男人，到底应该是“干一行，爱一行”，还是“爱一行，干一行”。其实从本质上来说，这两个问题是一致的，都要求你对工作要有热爱之情。

这种热爱之情在一定程度上起到了敦促你的作用，促使你为了这份热爱的事业不断地进行学习，不断地完善自己的技能，最终成为公司里的优秀员工。

热爱工作，是每个人都需要了解的课题。首先，你必须对自己有绝对的自信，相信自己必定能胜任这

对于一位优秀的员工来说，不断完善专业技能既是权利也是义务。这不仅有助于自己的职业发展，同时也对公司的效率起到很大的提升作用。

项工作，并且足以驾驭它，能灵活地运用这项工作使自己获得更大的乐趣。

同时，无论从事什么职业，你都应该精通，要成为自己职业领域内的专家。与其他有能力做这件事的人相比，如果你是工作方面的行家里手，你就能轻松地创造出他人无法创造出的业绩，就能赢得良好的声誉。

在2000年西安农业博览会上，任海庄的烫画葫芦绝技让海内外人士大开眼界。烫画葫芦是陕西的一种传统工艺品，不管是花鸟龟虫、三国豪杰、西游人物，还是赵薇、少女组合，全部能烫上去，而且栩栩如生。

这种工艺的品种有酒葫芦、茶葫芦、水葫芦、药葫芦，琳琅满目。精美的图案、天然的葫芦清香，盛物不变质、不走味，让人们争相购买。千余只葫芦在博览会上不到一天就卖了个精光。

任海庄的烫画绝活，得自于其岳父叶老。叶老是民间艺人，会用名字作画，更擅长做烫画葫芦。平时他在公园、商场、校园、机关门口现场制作，赶上节假日更是吸引人，小摊前面常常被挤得水泄不通。

一开始，任海庄因为自己做玻璃生意，所以还有些“瞧不上”烫画。没想到，只用一两天他就学会了这门手艺。由于年轻，任海庄便想方设法要创新。

现在，创新以后的烫画葫芦不但具有立体效果，而且从颜色到质地都焕然一新。有三家礼品店看好他的作品，不但帮他代销，而且还销往了日本。

男人成长法则

与其他有能力做这件事的人相比，如果你是工作方面的行家里手，你就能轻松地创造出他人无法创造出的业绩，就能赢得良好的声誉。

“无论从事什么职业，都应该精通它！”让这句话成为你的座右铭吧。如果你没有精通自己的工作，又怎能因自己的失败而责怪同事和上司呢？现在，最需要做到的就是专注于自己的工作并精通它。

一旦养成了半途而废、心不在焉、懒懒散散的坏习惯，运用一些小伎俩来蒙混过关，欺骗上司，你就不可能出色地完成任务，更不能成为企业不可或缺的员工。

在公司中想要成为一个“专家”员工，你需要不断问自己：“我还能改进吗？我的技术还可以完善吗？”只有通过这样的扪心自问，才能真正知道自己的水平所在，才能进行下一步的技术改进。

对于一位优秀的员工来说，不断完善专业技能既是权利也是义务。这不仅影响着自己的职业发展，同时也对公司的效率起到很大的提升作用。

通过不断学习，掌握精湛的专业技能，这是20几岁的男人想要在职场上站稳脚跟的必备条件。只有这样，你才能不断取得更高的成绩。

虚心请教是一种智慧

人不是万能的，做不到事事都知晓。即使是学识渊博的人，也常常会有不懂的疑惑出现。虽然事实如此，但是，现在很多年轻人傲气自负，就算是有不懂的问题，也不愿意请教别人，认为这是低三下四的事。殊不知，在工作中时常怀有一颗敬畏之心，以谦卑的态度对待别人，反而可以获得额外的收获。

有一个博士分到一家研究所，成为那里学历最高的一个人。因此他的优越感油然而生，他常常态度傲慢、趾高气扬。前些日子因为下雨，单位后面的小池塘涨水了，加上今天天气很不错，于是该博士决定到小池塘去钓鱼。碰巧正副所长在他的一左一右，也在钓鱼。他走过去只是微微点了点头，心想：跟这两个本科生有什么好聊的呢？

不一会儿，正所长放下钓竿，伸伸懒腰，然后蹭蹭蹭从水面上走到池塘对面去上厕所。该博士看到这种状况，目瞪口呆：水上漂？不会吧，这么夸张？这可是一个池塘啊。正在博士惊讶之际，正所长上完厕所回来，同样是蹭蹭蹭从水上漂回来了。

怎么回事？博士好奇又不好意思去问，自己可是博士啊！正在博士百思不得其解之际，这时候副所长也站起身来，放下钓竿，伸伸懒腰，然后蹭蹭蹭从水面上走到池塘对面去上厕所。见此情景，这位博士差点没昏死过去。

这次轮到博士内急了。他环顾一下四周，这个池塘两边均有围墙，要到对面厕所方便需得绕着走，这得花10多分钟，而回单位又太远了。怎么办？也试试水上漂吧。

可博士也不愿意去问问两位所长的轻功秘诀，做了半天的思想斗争后，终于暗下决心：不信本科生能过的水面，我博士生不能过。于是他放下钓竿，伸伸懒腰，然后蹭蹭蹭奔向对岸。结果只听见“咚”的一声，博士栽到了水里。

两位所长将他拉出池塘，问他为什么这么做。这时，博士终于顾不上他的架子，忍不住反问道：“为什么你们可以从水面上走过去？”两位所长听后，相视一笑：“这池塘里有两排木桩子，由于这两天下雨涨水正好在水面下。我们都知道这木桩的位置，所以可以踩着桩子过去。你怎么不问一声呢？”

其实一个简单的“为什么”就能解决的问题，可心高气傲的人们总羞于启齿。总认为向别人请教，有失于身份，或者认为这样是承认自己技不如人。因为搁不下面子，而遭受了损失，事后又悔恨不已，这实在是太不应该了。

“闻道有先后，术业有专攻”，即便是现在我们技不如人，但并不代表以后一直这样。萧统的《文选序》中说：“若夫椎轮为大辂之始，大辂宁有椎轮之质？增冰为积水所成，积水曾微增冰之凛。何哉？盖踵其事而增华，变其本而加厉。”意思是，椎轮这种简陋的车子是帝王乘坐的大辂的原始模样，但大辂哪有椎轮的质朴？厚厚的冰层是由积水凝结而成的，但积水并没有厚冰的寒冷。为什么呢？大概是由于承继那造车之事时对其增加了文饰，而冰改变了水的本来状态使其变得更加寒冷。

> 男人成长法则
>
> 殊不知，在工作中时常怀有一颗敬畏之心，以谦卑的态度对待别人，不仅不是丢脸的事情，反而可以获得额外的收获。

20几岁的男人，心气比较重，往往会出现这种不愿请教他人的问题，好胜心强的人甚至会认为这是很丢面子的事。但我们需要知道的是，毕竟每个人都有不同的长处，阅历多的人会有更多的人生经验，一味地看重这种夸大的自尊心便会错过很多真理。

虚心请教是一种态度，同样也是一种人生智慧，它不仅可以使我们的疑惑得到解答，我们谦卑的态度同样也会让别人得到满足感。这种一箭双雕的事情，何乐而不为呢！

以朋友为明鉴

常言道："物以类聚，人以群分。"先不论其意义的褒贬，但就字面意思来看，便知道那些在价值观、人生观等方面较为一致的人更容易成为朋友，相处起来更为和睦融洽。若仔细观察，不难发现这些人在信念、兴趣爱好、人生态度以及年龄等方面都十分相似。朋友对于人的一生起着至关重要的作用，我们可以从他们的身上进行自省，学习他们的长处，避免其短处。朋友是我们认识自己的一面不可多得的镜子。

有一句话说的是：如果你想了解一个人，那么就去看他身边的朋友是什么人。人是群体动物，这就少不了相互之间的联系与交往。而每个人都不可能和他周围所有的人建立起同等紧密程度的交往关系，自然是有疏有近。这也就是说，每个人在交友上，都是有自己的选择方向的，而大多数人都倾向于同那些与自己性格、思想、原则和行为方式很接近的人做朋友。吸引力法则认为，这是由于每个人身上都散发出一种信号和力量，而这种信号和力量则能够吸引人群中那些与自己相像的人不断靠向自己，并建立起牢固的关系。可见，只有那些对生活有着同样的信仰、持有同样原则的人，才能和你一起浇灌出绚烂的友谊之花。

心理学家做过这样一个实验：他们要求一些年轻人回忆他们结交的一位最亲密的朋友，并列举这位朋友与他们自己有哪些相似之处与不同之处。大多数人列举的尽是自己的朋友与自己的相似之处，如“我们性格内向、诚实，都喜欢欣赏古典音乐”，还有“我们都很开朗、好交际，还常常在一起搞体育活动”等。

影响人际吸引的相似性包括很多，既有内部倾向性的方面，如态度、信念、兴趣、爱好、价值观等的相似；也有外部的身份特征，如年龄、性别、学历、经历、阶层、民族、宗教、行业、国籍等的相似。在现实生活中，行为动机、立场观点、处世态度、个人嗜好一致的人比较容易建立亲密的人际关系。在许多类似的条件中，态度特征、对象身份、社会背景和文化程度的相似性是最重要的影响因素。

《世说新语》中就有“管宁割席”的故事：

管宁与华歆本是从小到大的好朋友，两人一起结伴进私塾读书。一次，管宁与华歆一同在学校后面的园中锄草，发现地上有块金子。管宁视而不见，继续挥锄不止，他认为这掉在地上的金子，是“非己之财”，所以与瓦砾无异。而华歆却将金子拾起来看了看，并用牙齿咬了咬，来辨别这块金子的真伪，然后把这块金子放进了自己的口袋里。华歆的这一举动被管宁视为见利而动心，非君子所为，与自己对金钱的看法不一致。

还有一次，两人坐在同一张席子上读书，附近有官员华丽的马车经过，前呼后拥十分热闹。管宁依旧同往常一样安心读书，而华歆却忍不住将书本丢到一边，跑出去看热闹。华歆的这一举动在管宁看来是心慕官绅，想着做官，亦非君子。于是，管宁毅然将二人同坐的席子割开，与之分坐，断了与华歆的交情，并且对华歆说："你不是我的朋友。"

一个人和他人结为朋友，刚开始的时候肯定是出于彼此的好感，然后彼此尊重而成为朋友。然而，彼此之间的了解在开始的时候一定不是很深的，只有慢慢地通过时间的洗涤，才能知道对方的性格，摸清彼此的脾气和爱好。当我们发现朋友的志向和所追求的东西与自己截然不同时，就有可能在以后的路上分道扬镳。因此，朋友未必能够一路同行。有的朋友可以一起学习、一起创业，然而随着人生经历的变化，也有可能会在一个关键问题上出现分

男人成长法则

朋友对于人的一生起着至关重要的作用，我们可以从他们的身上进行自省，学习他们的长处，避免其短处。朋友是我们认识自己的一面不可多得的镜子。

歧，最终出现友情破裂的情况。

在所经历的形形色色的人当中，要认清哪些才是可以做朋友的，哪些只是泛泛之交，哪些人的身上可以使我们学得有益于个人发展的智慧。将朋友当作认识自己的一面镜子，时刻从朋友的身上检查和反省自身，这些都是20几岁的男人步入社会都要学会的课题。

第八章 做事之前先做人，处事之前先懂事

刚刚走上工作岗位的年轻人总是显得活力和冲劲十足，但是又常常困扰于与领导、同事打交道的条条框框。这里面的学问是学校没有教过我们的，但又是我们必须知道的。人和人的沟通，真心以待是前提，更重要的还需要掌握适当的技巧。20几岁的男人要学会在成熟的道路上，以众人的景象为依衬，走出属于自己的风景。

主动拉近与对方的距离

20几岁的男人，要想成为一个充满魅力的人，在人际交往中还要注意做好一个细节——主动出击。有的时候，人与人之间仅仅是一步的距离，关键就在于你肯不肯踏出这一步。若你能有意识地向前迈一步，双方也许就能建立起稳定的社交关系；相反，若迟迟不肯迈出这一步，那么你也许就会永远错过这个人，错过很多的机遇。在人际交往中善于发挥主动性的人，自然会受到别人的欢迎和喜爱。

20几岁的男人在日常生活中也应如此。尤其是在遇到比较内敛羞涩或是众人口中不太容易接近的人时，你的主动就显得尤为重要。这可以令你以最高的效率达到目的，实现你所想要的目标。

安东尼先生在纽约一家大银行供职。他奉命写一篇有关某公司的机密报告。他只知道有一家工业公司的董事长拥有他需要的资料。安东尼便去拜访这位董事长。当他走进办公室时，一位女秘书从另一扇门中探出头来对董事长说：“今天没有邮票。”“我替儿子收集邮票。”董事长对安东尼解释说。那次谈话没有结果，董事长不愿意提供任何资料。安东尼回来后感到十分沮丧。然而幸运的是，他记住了那位女秘书和董事长所说的话。

第二天他又去拜访董事长，让人传话进去说，他要送给董事长儿子一些邮票。董事长高兴极了，用安东尼的原话说：“即使是竞选国会的议员也没有这样的热忱！”他紧握我的手，满脸笑容。‘噢，乔治！他一定喜欢这张。瞧这张，乔治准把它当作无价之宝！’董事长一面连连赞叹，一面抚弄着那些邮票。整整一个小时，我们谈论着邮票。奇迹出现了：没等我提醒他，他就把我需要的资料全都告诉了我。不仅如此，他还打电话找人来，把一些事实、数据、报告、信件全部提供给我。出门时，我便想起一句一个新闻记者常说的话：此行大有收获！”

可见，充满热情的主动能够消除人与人之间的隔阂，拉近相互之间的距离，令他人更容易接受自己。然而，在当今社会转型的过程中，面对新的市场竞争、新的生存环境，一些人不能很好地去适应这种变化，在新旧观念的冲突中无所适从，有时他们想参与竞争又害怕竞争。除此之外，人们还要面临角色变换的压力、社会沟通方面的压力、文化冲突带来的压力、就业再就业的压力、收入分配的压力，等等。当一些人不能适应社会环境的变化时，压力就会越来越大，负面消极情绪也会随之加剧，这些变化反映在价值观上，就会导致价值失衡、理想失落、厌世怀旧、精神茫然等一系列冷漠现象产生，对周围所发生的一切麻木不仁。这也加深了我们这个时代的精神裂变和心理危机，使人与人的关系出现了严重的冷漠化现象，这是非常可怕的。

在日常生活中，冷漠的人随处可见：看到需要救助的人转身就走的有之，遇到坏人行凶躲避忍让的有之，面对别人的伤痛怡然自得的有之……没有高兴，没有忧伤，一味冷漠下去，只会让自己变成一个感情和思维逐渐僵化的人，一个逐渐走下坡路的人。但是，冷漠并非人的天生本能，大多数的冷漠者是在后天生活的环境中逐渐遇事冷漠，并最终把冷漠处世作为人生哲学的。对待冷漠的人，只要用热情的态度主动出击，就能融化冷漠之人心中的隔阂。

当然，对人的主动也不可太过，因为每个人都有不愿别人触碰的禁区。倘若你因为太过主动而冒犯了他人的话，就得不偿失了。因此，在与别人的交往中，对于别人不想谈论或是不想被人关心的问题，就不要去谈也不要去问。只有这样，才能建立起一个好的人际关系网，让你有一个好人缘。

男人成长法则

充满热情的主动能够消除人与人之间的隔阂，拉近相互之间的距离，令他人更容易接受自己。

流畅的沟通需要懂对方

著名的需求理论一直影响着人类的发展，学者马斯洛曾说过："人类有五种不同的欲望，当他满足了最底层的欲望之后，就会一级一级向上升高，若非得到最高层的欲望，绝对不肯罢休。"

战国时，赵国赵太后刚执政，秦国就攻打赵国，赵国向齐国求援。齐国表示要以赵太后的幼子长安君为人质，齐国才肯出兵。赵太后不愿意，群臣劝说，她都不听，还发了脾气。

老臣触龙分析了她不同意儿子作人质是溺爱儿子，不能为儿子的长远利益打算。针对这一思想，触龙说："父母疼爱儿女，总是替他们作长远打算。送别燕后出嫁到燕国去时，尽管为她远行而悲伤，但每逢敬神祭祖时，总祝福说‘一定别让她回来’，难道不是为了长远打算，希望她子孙后代做燕国的国王吗？”当太后点头称是，逐渐谈得融洽时，触龙就针对她的思想说：“现在你使长安君的地位很尊贵，又分封给他大量肥沃土地和贵重财宝，这赶不上趁早叫他对国家建功劳。要不然，有朝一日，您百年之后，长安君凭什么能在赵国站稳脚跟呢？为此，老臣认为您老人家没有替长安君长远打算啊，所以我认为您对他的疼爱不如对燕后。”这一席话，正好说到太后心窝里，使她顿开茅塞，当即答应让长安君到齐国当人质。

心理学表明，情感引导行动。积极的情感，比如喜欢、愉悦、兴奋，往往产生理解、接纳、合作的行为效果；而消极的情感，如讨厌、憎恶、气愤等，则带来排斥和拒绝。那么，正如管理心理学所证明的：“如果你想要人们相信你是对的，并按照你的意见行事，那就首先需要人们喜欢你。否则，你的尝试就会失败。”这表明，要使别人对你的态度从排斥、拒绝、漠然处之到对你产生兴趣并予以关注，就需要最大限度地引导，激发对方的积极情感。“投其所好”实际上就是一种引导和激发的过程。

光是谈话，有的时候你还不能摸透对方的心意。你必须要一面聊，一面观察对方的态度，如此才能从中寻得蛛丝马迹，进而了解对方的心理。

卡耐基认为，当你遇到有钱有势的人时，你应该设法让他说往事。过去的工作是否比现在的更有趣？他爬到现在这个地位的关键是什么？谁是早年助他成功的人？当年的老板是否使他紧张？他的百万财富是不是他自己创造的？他怎样赚到他的第一笔钱的？如果这些问题问得他不大自在，你就应准备跳到其他问题上去。不要盯着问，因为那会令人很不愉快。

男人成长法则

要使别人对你产生兴趣并予以关注，就需要最大限度地引导，激发对方的积极情感。“投其所好”实际上就是一种引导和激发的过程。

倘若对方眼神突然充

满紧张，或故意将眼睛移视他处，双唇紧闭，脸部肌肉绷紧并呈现激动的表情，那就表示对方心里极不平静。出现以上情况时，你就应该细心了解其原因，然后帮助他缓解。

当对方做出不断用手指敲桌子、抓头发、态度傲慢、坐立不安等异常举动时，你就要马上想到它和心理变化有所关联。然后，以此观察对方的态度，这样，你就可以从对方的举止中，猜出对方当时在想些什么了。

人是“感情的动物”，只要你能够设法满足对方的欲望，他的心就难免不会动摇。此时，你在交谈中的说服力就大大提高了。也就是说，你的“投其所好”，已经巧妙地打动对方的心了。

懂得分享的快乐

《菜根谭》中有这样一句话："完名美节不宜独任，分些与人可以远害全身；辱行污名不宜全推，引些归己可以韬光养德。"意思是说，不论如何完美的名气和节操，都不要自己一个人独占，必须分一些给旁人，只有如此，才不会惹起他人的怨恨而招来灾害，从而保证生命的安全；不论如何耻辱的行为和名声，也不可完全推到他人身上，自己一定要承担几分，只有如此，才能掩藏自己的能力而多一些修养。聪明人懂得与人分享的事理，因为分享不仅仅是一种人性的美德，也是一种生存之道。

在一次公司面试中，在经过一轮又一轮的筛选后，五个来自不同地方的应聘者终于从数百名竞争者中，像大浪淘沙一般脱颖而出，成为进入最后一轮面试的佼佼者。

这五个人，可以说都是各条道路上的“英雄好汉”，彼此各有所长，势均力敌，谁都可以胜任所要应聘的工作。也就是说，谁都有可能被聘用，同时谁都有可能被淘汰。正是因为这样，才使得最后一轮的角逐更加具有悬念，显得更加激烈和残酷。

张明虽然身居众高手当中，但心里相对还是比较踏实的。因为凭他在初试、复试、又复试、再复试中过关斩将那股所向披靡的势头，他想自己获胜是绝对没有问题的。于是，胜利的自信和成功的愉悦提前写在了他的脸上。

按照公司的规定，他们要在那天早上九点钟准时到达面试现场。面对如此重要的机遇，不用说，他们当中不仅没有人迟到，还都不约而同地提前半个多小时就赶到了。距面试时间还早，为了打破沉寂的僵局，他们还是勉强聚在一块儿闲聊了起来。面对眼前这些随时会威胁自己命运的对手，在交谈中彼此都显得比较矜持和保守，甚至夹着丝丝的冷漠和虚伪……

忽然，一个青年男子急急忙忙地赶来了。他们纳闷着，惊奇地看着他，因为在前几轮面试中谁都不曾见过他。

青年男子似乎有些尴尬，主动迎上前自我介绍说，他也是前来参加面试的，由于太粗心，忘记带钢笔了，问他们几个是否带了，想借来填写一份表格。

他们面面相觑。张明想，本来竞争就够激烈的了，半路还杀出一个“程咬金”来，岂不是会使竞争更加激烈么？要是都不借笔给他，那不就减少了一个竞争对手，从而加大了自己成功的可能？他们几个有心灵感应似的没有出声，尽管他们身上都带着钢笔。

稍后，青年男子看到张明的口袋里夹了一支钢笔，眼前立刻掠过一丝惊喜：“先生，可以借给我用用吗？”张明立刻手足无措，慌里慌张地说：“哦……我的笔……坏了呢！”

这时，张明他们五人中有一个沉默寡言的“眼镜”走了过来，递过一支钢笔给青年男子，并礼貌地说：“对不起，刚才我的笔没墨水了，我掺了点自来水，还勉强可以写，不过字迹可能会淡一些。”

青年男子接过笔，十分感激地握着“眼镜”的手，弄得“眼镜”莫名其妙。张明他们四个则轮番用白眼瞟了瞟“眼镜”，不同的眼神传递着相同的意思——埋怨、责怪，因为这样又增加了一个竞争对手。奇怪的是，那个青年男子在纸上写了些什么就转身出去了。

一转眼，规定的面试时间已经过去20分钟了，面试室却丝毫不见动静。他们终于有些按捺不住了，就去找有关负责人询问情况。谁料里面走出来的却是那个青年男子：“结果已经见分晓，这位先生被聘用了。”他搭着“眼镜”的肩膀微笑着说道。

接着，他又不无遗憾地补上几句：“本来，你们能过五关斩六将来到这儿，已

男人成长法则

不论如何完美的名气和节操，都不要一个人自己独占，必须分一些给旁人，只有如此，才不会惹起他人的怨恨而招来灾祸，从而保证生命的安全。

经难能可贵了。作为一家追求上进的公司，我们不愿意失去任何一个人才。但是很遗憾，是你们自己不给自己机会啊!”

张明他们这才如梦初醒，可是已经太迟了。

人虽然不全是为别人而生存，但也绝不是只为自己。如果人一味地争取最有利于自己的东西，有时候就会事与愿违。要知道，我们生活在一个联系越来越紧密的世界里，有时候帮助别人就是在帮助自己。任何人都无法孤立地生活，自私的人，最后一定会因为自己的自私而吃苦果。可见，分享的精神是多么的重要。

学会掩藏自己的锋芒

锋芒是强者额上的角，一不小心就会伤人伤己。锋芒毕露毫无益处可言。“满招损，谦受益”，自我炫耀者只会招致他人的反感，乃至遭受小人的陷害。隐藏锋芒，低调做人，才能让自己不会过早地被风雨侵蚀，才能让自己长成参天大树。而那些藏不住自己锋芒的人，往往会令自己受损。

要时刻谨记，你可以让自己的才能高出于人，但绝不可让自己显出高人一等的姿态。不显不露是一种低调，也是生存达到更高境界的有力保障。

在生活里，总有些表现欲很强的人，无时无刻都要表现自己，唯恐别人不知道他的存在，有了一些小成就马上喜形于色，不住地夸耀自己，唯恐天下人不知。但这种爱出风头的彰显心理迟早会害了自己。在职场上爱出风头，更是一件可怕的事，20几岁的男人更要注意这一点。

一位刚毕业的大学生被一家大企业录用了，他信心十足，鼓足干劲，在自己的销售岗位上干得相当出色。他头脑灵活，喜欢思考，很快就发现了公司管理中存在的一些弊端。

于是他经常向主管反映这些弊端，然而每次得到的答复总是："你的意见很好，我会在下次会议上提出来让大家讨论。"

他很不满，对主管的平庸和懦弱也很不服气，萌生了取而代之的念头。在一次全公司大会上，他陈述了自己的想法，并建议公司实行竞争上岗，能者上，庸者下。会场顿时寂静无声，主管早就气得脸色发白。总经理称赞了他的想法，认为很有新意，却并没有要深入讨论的意思。

会议结束后，他忽然发现一切都变了。同事对他敬而远之，主管更是冷语相向。更严重的是，有人向总经理投诉他收受回扣、违规操作、泄露公司机密……任何一项罪名都能将他这样一个小小的销售员压垮。领导们当然明白事情的来龙去脉，但为了照顾大多数人的情绪，还是辞退了他。

没有人不想出人头地，每个人都有自己的“野心”，但是切忌太过外露。你的“志向”和“企图”即使是正当的，也总会有人感到受了威胁。他们可能会利用手中的权力或影响力对你进行打击，使你过去的一切努力都化为泡影。

隐藏锋芒不是消极被动的处世态度，很多人会把它与放弃、逃避、怯懦等词联系在一起。然而它却是一个积聚能量的过程，在自我隐藏中你才会有快速生长的可能。之所以隐藏锋芒，完全是因为时机尚未成熟，如果强行出头，不仅达不到一鸣惊人的效果，还有可能惹人耻笑，自毁前程。

低调是一种处世智慧，但太过低调就是懦弱了。一个懦弱的人在人际交往中也免不了受人欺负和替人受累，成为了无辜的“炮灰”。“炮灰”一词目前在

隐藏锋芒不是消极被动的处世态度，很多人会把它与放弃、逃避、怯懦等词联系在一起。然而它却是一个积聚能量的过程，在自我隐藏中你才会有快速生长的可能。

年轻人群当中颇为流行，本意是指炮弹打出后留下的灰烬；放到现实生活中，多用来指那些无故“被牺牲”的人，以及职场中的替罪羔羊。

男人成长法则

保持低调，在暗中修炼自己，等待机会。一旦时机来临，就要迅速反应，在第一时间挺身而出，一击即中，而不能莫名其妙地充当“炮灰”。

20几岁的男人在为人处世中，既不能太过强出头，也不能太过软弱，要把握好二者之间的尺度。虽然在一个群体或团体中，人人都希望自己首先“迈出众人行列”，成为脱颖而出的佼佼者。

但这个社会却是“枪打出头鸟”，如果一个羽翼未丰的人积蓄的能量不够的话，是万不可轻易暴露锋芒的。

在这种时候，最需要保持低调，在暗中修炼自己，等待机会。一旦时机来临，就要迅速反应，在第一时间挺身而出，一击即中，而不能莫名其妙地充当“炮灰”。

记住别人的名字

在日常生活中，我们常有这样的尴尬：碰到一个似曾相识的人跟你打招呼，你却一下子叫不出他的名字来。这种场合，碰上一次两次还好，要是碰上多次那就不太好了，可能会有损你们之间的关系。原本很不错的朋友也会因此疏远你。一般人对自己的姓名都很敏感，把一个人的姓名记住，并很自然地叫出口，便是对他含有微妙的恭维、赞赏的意味。反过来讲，把别人的姓名忘记了，或是叫错了，不但使对方难堪，而且对自己也是一种损失。要知道，在社会交往中，记住别人的名字很重要，记住对方的名字并把它叫出来，更容易拉近你们之间的距离。

记住别人的名字，不仅是对对方的一种尊重，也是树立自己良好形象的一个有效方法。我们与人交往，记住并能叫出对方的名字，是获得对方好感最简单、最明显、最重要的方式，还能使对方感到愉悦。人对自己的姓名最感兴趣。把一个人的姓名记全，并很自然地叫出口，是一种社交礼貌，是一种尊重他人的体现。能够准确无误叫出别人名字的人，必然是一个用心记下对方的人，这样的人在激烈的社会竞争中，往往能因为给他人留下一个好印象而赢得成功。

有一所中学招聘教师，学校安排试讲，再从几名应聘者中选出一名。几位应试者都作了精心的准备。因为校方在试讲后只会选择一名老师。

铃声响了，一个个试讲者分别微笑着走上讲台。师生互相致意后，开始讲课。他们导入新课，讲授正文，总结概括，复习巩固……各项工作进行得比较顺利。为了有好的讲课效果，有一个试讲者效法前面几位试讲者的做法，设计了几次并不高明的课堂提问，但效果一般。下课时，比较自己与前几名试讲者的效果，这名试讲者估计自己会被淘汰。

让人想不到的是，第二天他接到录取通知。惊喜之余，他问校长为什么选中他。“说实话，论那节课的精彩程度，你还差一些。”校长微笑着说，“不过，在课堂提问时，你叫的是学生的名字，而他们却叫学号或用手指。我们和学生之间是平等的关系，要像朋友一样。试想，我们怎能录用一个不愿了解和尊重学生的教师呢？”

故事中的这位应聘者，没有把自己看成高高在上的老师，而是把每一个学生都当成自己的朋友。叫学生的名字而不是叫学号或用手指，这么简单的事情反映出讲课者对学生的尊重。生活就是这样，一个不起眼的小细节往往就能把你推向人生的不同面。

有些年轻人可能会说，记住对方的名字有的时候太困难了，特别是在人多的时候。可是，试想你到了一个新环境，例如第一天到公司报道，是不是起码应当记住你所在部门的同事的名字呢？你初来乍到，未免会遇到这样或那样的问题，自然就免不了请同事帮忙，这时如果能准确叫出对方的名字，对方定然会热情地帮助你。但若你叫不出对方的名字，想通过拍下肩膀或是用“哎”来叫对方，那又会给对方留下一个什么印象呢？可见，名字虽是一个符号，但是一个名字对一个人来讲有非同寻常的意义，它是日常交际中不可缺少的工具。如果你想尽快建立一个良好的人际关系网，你就必须在记住对方的名字上下工夫。

男人成长法则

能够准确无误地叫出别人名字的人，必然是一个用心记住对方的人，这样的人在激烈的社会竞争中，往往能因为给他人留下一个好印象而赢得成功。

其实，20几岁的男人应该知道，要想记住别人的名字其实并不难，只要用心再用些巧方法就可以了。例如在记对方姓名的时候，最好将他的名字与他的长相、性格特征、人品、工作单位等信息挂钩；在初次交往回去后马上把有关信息记在自己的一个小通讯本上，包括姓名、爱好、地址、联系方式等一切资料。要学会充分利用名片，在交际场合，一般初次见面时双方会交换名片。别人的名片一定要妥善保存，如果多了，就要及时整理，把它们按一定类别分类，这样你的名片集就像你的人际关系网一样，你可以清楚地知道他们离你的远近。

从现在起，记住与你交往的人的姓名，大方得体地叫出来，你会发现发生在你身上的变化与惊喜。

第九章 明白什么是爱，学会爱别人

小时候，我们会在父母无尽的疼爱中成长，长大后我们又学着去爱一个陌生的人，并企盼与之共度余生。这些爱的功课我们是否做好了呢？我们还不曾听到父母内心深处的语言，还不曾办到恋人最期盼的愿望……所以，我们要学习爱的能力。

为爱作准备

异性缘也是一种无形的“资本”。男人步入20几岁之后，异性缘也是非常重要的。在很多男士眼里，未经恋爱这种事是不方便说出口的。现实生活中，那些不太招人喜欢的男生，异性缘自然也不佳。男士的异性缘好比是人生的助推器，不仅会增加你的信心，做起事情来得心应手，也会让你受到周围人格外的“青睐”。

有人曾经总结过这样一些招人讨厌的男人的特征，看看你自己有没有这些“症状”吧：

1. “装”的男人

明明是地地道道的中国人，偏偏要说话的时候夹着英文单词；明明只是收入3000元，一定要在女生面前说自己前天看上一款限量版奢侈品；也有人会反过来，明知对方很仰慕马尔代夫的风景，自己玩了一趟回来故意说“真的没什么”……其实现在的女孩很聪明，如果你想装有品位有资本的话，很容易被人识穿。被识破事小，“失格”事大。

2. 满嘴污言秽语的男人

有人觉得讲两个成人笑话，或者是说话的时候戴上一些“傻×”这样的口语就很“爷们儿”，没有比这更傻的想法了。大多数女生不喜欢满嘴污言秽语的人，可惜很多人总是不明白这一点，说十句话有九句半是不能入耳的。

3. 缺少幽默感的男人

有种人张口闭口就说自己读过什么书，正在读什么书，即将读什么书，建议你读什么书，弄不好还整个名人名言来说你。每次给朋友打电话都大谈人生哲理，要奋斗要忍耐，等等。他们把自己弄得和没有七情六欲的圣人一样。女生大都会觉得这样的男生“高攀不起”。

4. 缺少绅士风度的男人

这样的人总是在公交车上不让座，喜欢插队，在公共场所大声讲话、挖鼻孔，对女孩子一点儿也不尊重。还有的人喜欢蹭吃蹭喝，大家都轮着买单但就是见不着他的影子，这样的男生是很难有人喜欢的。其实现在的女孩子还是很希望遇到那种风度翩翩的男生的。

5. 自以为是的男人

有的人觉得自己貌比潘安，才似李白，难免会有点清高。女孩子清高是矜持，而男生清高则会让女生很厌烦。也有人觉得金钱可以摆平一切，在女孩面前大手大脚，这其实是不尊重自己的劳动成果，或者这些钱根本不是他们自己的劳动所得。

让人诟病的男生劣迹太多，这里只是列举几种。其实，当我们讨厌别人时，我们自己也应该记住不要有这样的行为。

接着我们说说女孩喜欢怎样的男生吧。女孩大多喜欢男生从细微之处给予关照，聪明的男子善于把握异性这一心理趋向，很容易击中女孩心中柔软的触角，赢得美人欢心。

如果缺乏细节上的关心，在恋爱生活中常会忽视对方，爱就会在这些小小的地方渐渐失去。

自古以来，花是爱情的象征。给自己心爱的人送上一束鲜花，会讨得心爱的人欢心。这不必花费多少钱，在花季的时候尤其便宜，而且常常有人在街角贩卖。

对于一个女生来说，如果有人发现她身上的微小变化，她就会有一种被认同的满足感。

几乎所有的女生，多多少少都会对男友表示过不满。其中最常见的是，当她从美发厅出来，梳着一个新发型；或新买了一件漂亮的衣服，兴致勃勃地等待男友赞美的时候，她的男友却好像视而不见。

一般女生不喜欢做太大

男人成长法则

男士的异性缘好比是人生的助推器，不仅会增加你的信心，让你做起事情来得心应手，也会让你受到别人格外的“青睐”。

的改变，所以，即使想改变一下自己一贯的形象，也不会大换装。她们往往只在那些细节上反复琢磨，这也仅仅是想引起别人的注意，得到几句赞美而已。

20几岁的男生，恰好处于一个大变身的时段。因此，一段美好的恋情正是他们在这个特殊时期所期待的。步入这个年纪的男人，细心是至关重要的，需要有一双善于发现美的眼睛，去发现恋人一点一滴的长处，只有这样才有可能使自己的恋情走得更加顺利。

找到最合适的“配置”

婚姻大事，是一个人一辈子的幸福，亦可能是一个人一辈子的包袱。差异就在于你当初的选择是出于什么样的思虑，而你最后又做了怎样的选择。

西奥多·帕克先生结婚时，夫妻两人进行了结婚旅行。在新婚期间，帕克先生列出了一些有用的建议来解决婚姻中可能出现的问题和矛盾：

第一，除非有特殊的理由，绝不要违背妻子的意愿；

第二，按照妻子的意愿，相互履行义务；

第三，从来不要责备妻子；

第四，从来不要轻视妻子；

第五，从来不因为妻子的要求而抱怨；

第六，鼓励妻子柔顺的品质；

第七，分担妻子的压力和负担；

第八，宽恕妻子的缺点；

第九，永远珍爱妻子，保护妻子；

第十，记住，永远为妻子祈福，这样上帝就会为我们赐福。

帕克为自己列出的这些建议就像犹太教的十诫一样，都可以理解为一个字——爱。爱在犹太人的教义里无处不在，而爱也贯穿于婚姻的整个过程中。

萨克雷对他的儿子说："在所有的事情中，最为重要的就是找一个快乐的妻子，我亲爱的孩子。"

要想有一个幸福快乐的家，夫妻两个必须志趣相投，有共同的追求。如果丈夫是一个粗俗不堪的男人，而妻子是一个很有教养的女人，他们在一起就不会有多少欢乐可言。当然，一个在男友追求她时就不断挑剔缺点的女孩，婚后会变本加厉地责怪他；而一个在婚前就努力讨人喜欢的女孩，婚后会更加努力地做到这一点。

约翰逊博士说："在男女恋爱期间，双方竭力掩盖自己的缺点，这常常会成为他们相互了解的障碍。他们通过刻意的顺从和有意的伪装，来掩饰他们本来的样子和真实的欲望。从他们开始恋爱起，他们就常常在对方面前戴着面具，但后来一旦有些东西被揭穿，每个人都会觉得有理由怀疑对方是否发生了变化。如果发生一次严重的争吵或者冲突，就容易导致两人劳燕分飞，各奔东西。

"对未来的新郎和新娘，我想说：'要互相坦诚，保持平和的心态，在热恋的时候就应该把缺点和不足暴露给对方。如果在婚前隐瞒的话，婚后一旦发现对方的性格或条件存在某些缺陷，就会对婚姻生活产生很大的负面影响。

"坦诚一些总比隐瞒要好得多，因为缺点和不足与优点一样，终归会在婚姻生活中显现出来。自然一些，一开始就表现出你的本色！'"

从某种程度上讲，年轻人应该从实用的角度看待婚姻。一个好的妻子是一大笔财富。她以一种优雅的

男人成长法则

从某种程度上讲，年轻人应该从实用的角度看待婚姻。一个好的妻子是一大笔财富。她以一种优雅的方式使你拥有比以前多得多的东西。

方式使你拥有比以前多得多的东西。为了使你更加精力充沛、高效地工作，她会表现出你所需要的品格。譬如，她会在你发达的智力中注入一些情感因素，而这些情感因素是使智力更好地发挥作用所不可或缺的。

男人好比头脑，女人好比心灵。为了获得真理，需要心和脑的协同联合。我们不能断言，男人是天生冷酷的无情无义之人；我们同样也不可以把女人想象成没有任何头脑的感情用事者。心灵和大脑，情感与理智，他们在各自发挥作用的方面同样宝贵。

如果你想要的是一个妻子，而不仅仅是一个家庭主妇的话，你必须睁大你的眼睛，仔细寻找那种温柔体贴、甜美可人的女生。正如冬日里壁炉的熊熊火焰可以为你驱走身上的寒气一样，这种女生也会在你精神上施加无穷无尽的有益影响——就像一股温暖宜人的清风抚慰着你的灵魂，驱逐你思想中的僵硬、情感中的冷酷，并使得你的生活井然有序、融洽和谐，会将爱贯穿于婚姻的整个过程中。

学习说“爱”的能力

等待有多苦，等待有多累，等待有多傻，等待有多欣慰。我们享受的究竟是恋爱本身，还是等待过程中的复杂滋味？不可否认，有些时候我们会迷恋上恋爱的过程而不是结果。有人会喜欢暗恋的感觉而不是真正地爱上谁，就如同有人喜欢到达旅游目的地前的兴奋与期待甚过于游玩本身。仔细想想选择等待的背后究竟是些什么，是自虐，是自恋，还是自卑？

你情愿为她守候一盏灯，可她是否能看到这盏灯的光是为她而亮？“山有木兮木有枝，心悦君兮君不知”，你的苦苦等待换来的也许会是她的拥抱，也许会是感动的叹息，也许会是不屑的鄙夷。你在等待中建立的只能是对她的美好幻想，空中楼阁般的思念使你看不清梦中情人的真面目。选择了等待不一定就是选择了爱。对于爱，等待不一定是最好的选择。

要想在情场上指点江山，找到如意的另一半，享受甜美的爱情，就要大胆表达。只有表达出来，才会让别人知晓你心中所想。如果心中有爱却“金口难开”，终归会让爱神与你擦肩而过。

弗洛姆在《爱的艺术》一书中指出：“爱，不是一种本能，而是一种能力，可经有效的学习而获得。”这真是一句鼓舞人心的话，让渴望爱情的人充满了憧憬。那么，我们要如何才能寻求到自己心中的爱人?

吴丽是一位长得美丽且通情达理的姑娘，公司上上下下的人都喜欢她。特别是那几个还未找到女朋友的小伙子，更是有事无事地围着她转。不过，精明强干、风流倜傥的王鹏却总是一副对吴丽不屑一顾的神情。

过了一段日子，传出消息说吴丽“名花有主”了，男朋友竟是公司里最不起眼的张驰。看着他俩进一双出一对的甜蜜样子，有人不禁叹息道：“唉，一朵鲜花插在牛粪上了。”这时，要数帅哥王鹏最为沮丧。

其实，吴丽一到公司上班，王鹏就喜欢上了她。他也看得出，当自己的眼睛与吴丽相视时，她的目光亦是亮亮的、柔柔的，闪动着一种妙不可言的东西。

然而，当那几个长相一般的小伙子围着吴丽转的时候，王鹏的自尊心却在作怪。因为自己长得帅，身边有不少女孩子“陪”着，就不愿屈尊去“陪”吴丽，但在心里他却巴不得吴丽来“陪”自己。

他一直固执地认为，这么漂亮的女孩只有我王鹏才配得上。直到发现张驰获得了吴丽的爱情后，王鹏才知道自己输得很惨。

确实，在现实生活里，不少人看见漂亮女孩找了个相貌平平的男朋友就会感到惋惜，认为他们不般配。然而，为什么这个平常的男士能赢得如此美丽的女孩的芳心呢？你别看女孩子含羞带笑，温柔文静，其实在她的心里，早就将身边的男孩一个个地排起了队。一般来说，仪表当然是首选的，但女孩子在青春期架子大，爱摆谱儿。

要想在情场上指点江山，找到如意的另一半，享受甜美的爱情，就要大胆表达。只有表达出来，才会让别人知晓你心中所想。

如此一来，那些肯低头，愿意捧女孩的小伙子在她心目中的印象分就自然提高了。特别是漂亮的女孩，假如男孩能够发自内心地关爱她，即使男孩子相貌差些，说不定也能锁住她的芳心。但是在通常情况下，仪表堂堂的小伙子就做不到这一点。由于自己长得帅，他们身边不缺女孩，自视身价不低，怎么可以屈尊哄女孩子？因此，即使漂亮的女孩起初也曾被帅小伙的外表打动，但从长远考虑，假如以后一辈子受这样的“美男人”牵制，倒不如找一个能够呵护自己的男孩过日子。只要自己感觉幸福，别人爱怎么说就怎么说好了。

男人成长法则

要想在情场上指点江山，找到如意的另一半，享受甜美的爱情，就要大胆表达。只有表达出来，才会让别人知晓你心中所想。

因此，所有想找漂亮女孩做女朋友的小伙子，当你爱上她时，千万别学这位帅哥王鹏，一定要“爱她在心就开口”，不然的话，吃亏的可就是你自己了。

但是表白也要选好方式，马克思曾经说：“真正的爱情是表现在恋人对他的偶像采取含蓄、谦恭甚至羞涩的态度。”含而不露的表白方式，是指用不包含“爱”的语言，表达“爱”的情感。这种方式适合于双方早已认识，并且有了较多的了解，而对方又是有一定文化教养且性格内向的人。由于这种方式发出的信息比较模糊，即使对方拒绝，也不至于使自己感到难堪。

重新理解对父母的孝道

一天，子游问老师孔子什么是孝道。孔子说："现在，只要能养父母，有人就觉得是孝了，但犬马一样能有人养着。没有对父母的一片敬心，养老和养牛养马又有什么区别呢！"

孔子的这番话或许会令很多人沮丧，因为不少人现在对父母的许诺正是养老。我们看看历史上这样一个故事吧：

一个财主有两个儿子，大儿子愚笨，很不讨人喜欢。小儿子聪明伶俐，于是财主就尽心抚养小儿子。两个儿子逐渐长大了，大儿子一直在家里陪着父母，小儿子因为颇有才华，被父亲送到县城读书。

小儿子果然不负众望，考取了功名。一家人欢天喜地，两位老人也准备收拾行李，和小儿子一起到新地方开始生活。本来小儿子不想带着父母，但是想到兄长愚钝，就勉为其难地带上了两个老人家。

到了就职的地方之后，小儿子给父母选了一间房子，安排了一个奴婢，从此就消失了。两位老人都看不见小儿子的人影，生病了也只能使唤下人去找大夫。虽然在这里不愁吃穿，但是两个老人心里很难过。

一年以后，大儿子带着家乡的特产过来看弟弟。一见到老人，大儿子就难过地哭了——一年不见，父母老了许多，以前胖胖的父亲也瘦成一把骨头了。虽然大儿子很笨拙，但是很心疼父母，他决定带着父母回家生活。父母想到自己以前和大儿子生活在一起的时候，从来没有把他当回事，像下人一样使唤他端茶倒水，但是他从来没有生气，反倒是乐呵呵地照顾父母，不禁也流下了眼泪。就这样，笨哥哥又带着老人回到乡下去了。小儿子却想不明白：为什么父母不跟着我这样有头有脸的儿子，却要和那笨人一起生活？

男人成长法则

不论你手上是一碗茶还是一张明信片，当你双手交到父母手上的时候，他们就变成了世界上最好的礼物。

只有让父母感受到我们的孝心，他们才会觉得幸福。现代社会，很多人可能会逢年过节给家里寄一些钱回去，但是父母最缺的并不是钱，而是一片关爱。

是的，不论你手上是一碗茶还是一张明信片，当你双手交到父母手上的时候，他们就变成了世界上最好的礼物。

不管你的父母现在是否依赖你，想念你，任何时候，他们都希望感受到你真诚的爱。

第十章 及时自我解压，扫除心中垃圾

奋斗的道路不是坦途，难免会遇到各种坎坷。披荆斩棘实际上蕴含着最寻常不过的道理。如果我们一陷入困境就怨天尤人，或自怨自艾，那么去哪里寻找战胜困境并且接着前进的力量呢？这个时候学会调控自己的情绪，让它为我们催化出更加正面的力量去击败困境，才是我们应该好好学习的成功法门。

不要陷入自己情绪的漩涡

情绪是我们与生俱来的，是身体对行为的可能性乃至必然性反应，是在生理上反应的过程。随着外界因素的影响，情绪不断变化。愤怒、暴躁、忧郁等，都是我们因外界的不良因素而产生的坏情绪。人们往往会因为这些坏情绪失去了生活的动力。

哈佛公共政策学教授伊莱恩·凯玛克说："做自己感情的奴隶比作暴君的奴仆更加不幸。"坏情绪是我们为人处世以及迈向成功大道上的绊脚石，只要能做到随时平复自己的不良情绪，成功之门便会为你打开。

哈佛经济学教授詹纳斯·科尔耐说："我把人在控制情感上的软弱无力称为奴役。因为一个人被情感所支配，行为便没有自主之权，而受命运的宰割。”

我们都有“与生俱来”的愤怒、暴躁、懒惰等坏情绪，这些是我们为人处世以及迈向成功的大敌，只要能做到控制自己的情绪，成功便不是一件难事。

楚汉相争中，刘邦的汉军由于实力较弱，在与楚军的交锋中，屡处下风。公元前202年，刘邦又一次为项羽所败，被围困在荥阳。此时，分兵在外的汉军大将韩信率领一队军马北上作战，一路势如破竹，捷报频传，相继攻下魏、赵、燕各诸侯国，最后又占领了齐国全境。

就在刘邦受围之际，韩信派使者来见刘邦说：“齐人多狡诈反复，齐国又与强大的楚国为邻，如果不立王以进行威慑，不足以镇压安抚齐地百姓，请大王允许我暂时代任齐王。”韩信在这危难时刻提出这样的要求，这分明就是威胁。刘邦闻言，勃然大怒，破口大骂：“我现在被围困在荥阳，日夜盼望你韩信带兵前来增援，你不但不来，反要自立为王！我……”此时的刘邦只看到了自己所处的危险境况，全然没有了王者该有的风度，把自己的本性暴露无遗。

怒气难消的刘邦感到自己的脚被人狠狠地踩了一下。他发现坐在他身旁的张良向他示意了一下，便止住了下面一连串骂人的话语。张良清楚地知道韩信是当世首屈一指的将才，眼下又拥有强大的兵力，处在举足轻重的地位上。刘邦如果现在与韩信翻脸，会对自己大大不利；反过来，如果能调动韩信的兵马，就能给楚军以沉重打击，使楚汉对峙的局面向着有利于自己的方向转变。因此，张良靠近刘邦，悄声说："大王，韩信手握重兵，投靠大王则大王胜，投靠项羽则项羽胜。我们对他的要求要慎重考虑。"

刘邦气还没消，不高兴地冲着张良说："那你说怎么办？难道就被这小儿挟持不成？"张良说："现在我们正当危急时刻，弄翻了关系，他自立为王，我们也毫无办法。逼急了他，他一旦与项羽联手，大王的大事就麻烦了！不如趁势正式立他为王，调动他的军队攻击楚军。请迅速决断，迟则生变！"

刘邦毕竟是非常聪明的人，听了张良的话，马上恢复了理智，但他故意接着刚才气汹汹的口气骂道："男子汉大丈夫，要做齐王就做真齐王，做什么代齐王！"

刘邦当即下令派张良为使节，带着印绶到齐地去，立韩信为齐王，并征调韩信的军队攻打楚军。局势很快发生了重大转折。汉军由劣势向优势转变，逐渐对楚军形成了包围之势。后来，刘邦终于在垓下（在今安徽灵璧县东南）全歼楚军，赢得了楚汉战争的最后胜利。

男人成长法则

要想让复杂的生活变得轻松简单，必须要控制住自己的情绪，做情绪的主人。控制住了情绪，也就控制了自己的世界。

没有刘邦关键时刻的隐忍不发，形势有可能也就因此改变了。刘邦之所以取得了天下，也正是因为他拥有这种善于控制情绪的能力。

生活中很多东西是无关紧要的，很多不如意都是由于我们自己的负面情绪所致。

要想让复杂的生活变得轻松简单，必须要控制住自己的情绪，做情绪的主人。控制住了情绪，也就控制住了自己的世界。约翰·米尔顿说过这样一句话："一个人如果能够控制自己的激情、欲望和恐惧，那他就胜过国王。"控制住自己的情绪，做情绪的主人，生活就会变得轻松简单。

随时打扫你的内心

拥有一个健壮的身体还不是健康的全部。所谓健康，不但是身体没有缺陷和疾病，还要有完整的心理状态和社会适应能力。因此，我们不但要重视自己的生理健康，更应该注重心理健康。

心理健康是身体健康的精神支柱，良好的心理状态能够使得生理功能达到最佳的状态，发挥强盛的功能，而烦恼、忧虑、抑郁、暴躁等各种不良的心理状态又会影响各个生理器官的正常发挥。因此，著名健康学者马斯洛就曾经表示：“心理健康比生理健康更重要。”

心理健康影响着我们的生活质量和工作效能，对我们有着极为重大的影响。然而我们很多人并没有注意到自己的心理健康状况。尤其是对于我们刚步入职场的年轻人来说，心理困扰是一个极为严重的问题。

有人做过调查和研究，发现拥有心理困扰的人是大有人在的。这些人已经处在了抑郁的边缘，有抑郁倾向，而这其中以年轻人居多。心理困扰已经成为阻碍我们在职场中发展的主要因素之一。

心理困扰严重地影响了我们的工作效率。造成这种心理困扰的原因，除了外部的环境和压力以外，我们自身的性格也是一个重要的因素。

在很大程度上，忧虑、不满、愤怒、嫉妒这些负面情绪是造成心理困扰的重要原因。

为了创造美好的未来，我们不但要使我们的身体健壮，更应该要使我们的心理达到一个健康的状态。有了健康的心理，我们才能创造和体会幸福。

有这样一个故事：

彼得在梦中见到了上帝。

上帝问彼得："你想采访我吗？"

彼得说："我很想采访你，但不知道你有时间吗？"

上帝笑道："我的时间是永恒的。你有什么问题吗？"

彼得问："你感到人类最奇怪的是什么？"

上帝回答说："他们厌倦童年生活，急于长大，而后又渴望返老还童。他们牺牲自己的健康来换取金钱，然后又牺牲金钱来恢复健康。他们对未来充满忧虑，但却忘记现在；于是，他们既不生活于现在之中，又不生活于未来之中。他们活着的时候好像从不会死去，但死去以后又好像从未活过……"

上帝握住彼得的手，他们沉默了片刻。

彼得又问道："作为长辈，你有什么经验想要告诉子女的？"

上帝笑道："他们应该知道不可能取悦于所有人——他们所能做到的只是让自己被人所爱。他们应该知道，一生中最有价值的不是拥有什么东西，而是拥有什么人。他们应该知道，与他人攀比是不好的。他们应该知道，富有的人并不拥有最多，而是需要最少。他们应该知道，要在所爱的人身上造成深度创伤只要几秒钟，但是治疗创伤则要花上几年时间。他们应该学会宽恕别人。他们应该知道，有些人深深地爱着

男人成长法则

我们不但要重视自己的生理健康，更应该注重心理健康的培养。心理健康是身体健康的精神支柱，良好的心理状态能够使得生理功能达到更佳的状态，发挥更强盛的功能。

他们，但却不知道如何表达自己的感情。他们应该知道，金钱可以买到任何东西，却买不到幸福。他们应该知道，得到别人的宽恕是不够的，他们也应当宽恕自己。”

彼得最后问道：“那么，你对人类有什么忠告吗？”

上帝回答道：“每个人都应该祈求自己，一个健康身体里面有一个健康的心灵，并且要为打造心灵的健康不断努力奋斗。因为只有拥有健康的心灵，人类才能够感受到生活的美好！”

强壮自己的体魄和心灵，这是上帝给我们的最好忠告。有了健康的体魄和健康的心灵，在工作中我们才有高效率，我们也才能容易感到满足，我们同样能愉快地接受生活的变故。这种人才能创造出美好的未来，感受到生活的美好。

适度打开你的心门

有一些人是相当封闭的，当对方向他们说出心事时，他们却总是对自己的事情闭口不谈。但这种人不一定都是内向的人，有的人话虽然不少，但是从不触及自己的私生活，从不谈自己内心的感受。

总体来说，一个人要想提升自己的影响力，他对他人的开放性体现在这两个方面：一是由初次见面时待人接物的习惯所决定的，这称为社交性。一个有影响力而社交能力强的人善于闲谈，但谈话中未必会涉及根本问题。二是由一个人是否愿意将自己的本意、内心展现给他人所决定的，这称为自我展示性。

人之相识，贵在相知；人之相知，贵在知心。

要想与别人成为知心朋友，就必须表露自己的真实感情和真实想法，向别人讲心里话，坦率地表达自己、陈述自己、推销自己。这就是自我暴露。

当自己处于明处，对方处于暗处时，你一定不会感到舒服。自己表露情感，对方却讳莫如深，不和你交心，你一定不会对他产生亲切感和信赖感。

当一个人向你表白内心深处的感受时，你可以感到对方首先信任你，其次想和你进行情感上的沟通。这就会一下子拉近你们之间的距离。

在生活中，我们会发现有的人知心朋友比较多，虽然他们外表看起来不是很擅长社交。这是为什么呢？

如果你仔细观察，会发现这样的人一般都有一个特点，就是为人真诚，渴望情感沟通。他们说的话也许不多，但都是真诚的。他们有困难的时候，总能有人来帮助他们。

而有的人，虽然很擅长社交，甚至在交际场中如鱼得水，但是他们却少有知心朋友。因为他们习惯于说场面话，做表面功夫，交朋友又多又快，感情却都不深。因为他们虽然说很多话，但是却很少暴露自己

保持一颗开放的、宽容的心，这比保持一颗上进的心更能帮助我们改变自己。

的感情。其实人人都不傻，都能直觉地感到对方对自己是出于需要，还是出于情感而来往。

每个人内心深处都有对情感的需要，就好像对食物的需要一样，是与生俱来的。情感纽带下结成的关系，要比暂时的利益关系更加牢固。

这个世界上没有真正的“独乐乐”，每个人都不可能脱离文明社会独自去成长，然后获得幸福。哪怕我们大多数人都在做的——追求个人幸福这件事情，也是和大环境联系在一起的。

不要将生活当作个人的暗室修行，你必须参与到社会生活中去，在人情世故中得到锻炼，慢慢成长。如果说北美一只蝴蝶扇动翅膀可能引发南美的暴雨，那么我们每个人的行为也可能引发整个社会的改变。

人无论在何种境地下都不可以封闭自己，因为人是一种社会性质的动物，既然是社会性质的就要懂得接纳别人，懂得与人为善。宽和是很重要的一种品格，我们要尽量地不抱怨，不怨恨，以一颗平和的心来对待世间的一切人和事，随时随地地谦和。

打开心门就要拿得起放得下。该放弃的时候再怎么争取都是没有用的，那时候放弃就成为了一种很理智的选择。其实放弃是一种智慧，自我封闭没有什么好处，更不会让人增长见识。因此说，要看得远就要先敞开胸怀，时时刻刻接纳别人，吸取别人的经验教训，这样会更加有益于自己的成长。

每个人都有每个人的世界，而每一个人的世界又都是不同的，交流是一个理解与被理解的过程。你不说话，别人永远都不会知道你在想些什么，那样就更谈不上理解你了，于是悲哀就那样产生了。所以说，要打开心门，要懂得交流，这样才会更加有助于我们成长。

在你渴望改变自己的时候，不要将自己孤立起来，或者和过去彻底划清界限，那等于是关闭了一扇接收外界能力的窗户。保持一颗开放的、宽容的心，这比保持一颗上进的心更能帮助我们改变自己。

有影响力的人会认为，一个人至少应该让一个重要的他人知道和了解真实的自我。这样的人在心理上是健康的，也是实现自我价值所必需的。

当然，“自我暴露”不是不好，但过度也是不好的。总是向别人喋喋不休地谈论自己的人，会被他人看作是自我中心主义者。

男人成长法则

理想的自我暴露是对少数亲密的朋友做较多的自我暴露，而对一般朋友和其他人做中等程度的暴露。

想提升自己影响力的人必须明白：理想的自我暴露是对少数亲密的朋友做较多的自我暴露，而对一般朋友和其他人做中等程度的暴露。而且，你也不一定要说你的秘密，在不太了解的人面前，我们可以交流一些生活中的并不私密的情感，既给人亲近之感，又不会让自己处于不安全的境地。

糊涂是高明的处世之道

“扬州八怪之一”的郑板桥有一个非常经典的口头禅——难得糊涂。据说这四个字是郑板桥在山东莱州的云峰山写的。那一年郑板桥专程赶去那里瞻仰郑文公碑，因流连于此，不觉天色已晚，故不得已借宿于山间茅屋。

屋主是一位儒雅的老翁，自命“糊涂老人”，出语不俗。他室中摆放着一张方桌般大小的砚台，石质细腻，镂刻雅致，让郑板桥大开眼界。老人请郑板桥题字以便刻于砚背。郑板桥以为老人必有来历，便题写了“难得糊涂”四个字，用了“康熙秀才，雍正举人，乾隆进士”的方印。

因砚台过大，尚有余地。郑板桥说老先生应写一段跋语，老人便写了：“得美石难，得顽石尤难，由美石而转入顽石更难。美于中，顽于外，藏野人之庐，不入富贵之门也。”他用了一块方印，印上的字是“院试第一，乡试第二，殿试第三”。

郑板桥大惊，细谈之下，原来老人是一位隐退的官员。有感于糊涂老人的跋语，郑板桥见还有空隙，便也补写了一段：“聪明难，糊涂尤难，由聪明而转入糊涂更难。放一著，退一步，当下安心，非图后来报也。”

世间纷繁琐碎，而人的精力却非常有限。把有限的精力投入到无限琐碎的事情中去，生命的热情很容易就因此消失殆尽。所以对这些琐事，我们不如采取“放一著，退一步”的态度，生命会因此清澈而轻快。

元末明初，豪雄并起。和尚出身的朱元璋相继打败了枭雄陈友谅和暴发户张士诚，定鼎南京，建号称帝，由刘伯温亲自选定风水宝地，开工兴建宫殿。朱元璋住进建好的皇宫后，没事便到处走走，散散心。

一天，他走到一间刚完工的大殿里，看着雕梁画栋，金碧辉煌，回想自己当年当和尚的情景，不禁感慨丛生，四下顾望无人，便信口把心中所想说了出来：“唉，我当年不过为饥寒所迫，想当个盗贼，沿江抢掠些金银财物而已，哪曾想到能有今日这番气象。”说完后，他仰头长舒一口气，在观看棚顶的同时却吓了一跳。原来有一个漆匠正在一根大梁上做最后的油漆工作。由于梁木宽大，朱元璋先前竟没发现他。

朱元璋马上意识到自己一时冲动失言，一番只能藏在心底，不能让任何人知道的真实想法可能都已经落入这名漆匠耳中了。如果不杀人灭口，势必会传扬得四海皆知，那可是丢人丢脸又不利于自己以天命愚弄百姓的大事。他开口让那名漆匠下来，连喊了几遍，漆匠充耳不闻，继续慢条斯理地做着手中的活。朱元璋大怒，加大了音量喊，那名漆匠仿佛才听到声音，忙下来跪在朱元璋面前，叩头说：“小人不知陛下驾到，没有及时避开，冒犯了陛下，请陛下恕罪。”

朱元璋怒道："你耳聋了怎的？我叫了你几遍你都不下来？"漆匠叩头说："陛下真是英明，连小人耳朵有点聋都知道。陛下圣明，这是小人和万民的莫大福分。"朱元璋生性多疑，但看漆匠脸上神色并无太大变化，心想他骤然听到这样大的秘密，自然知道厉害，不吓得掉下来，也会面无人色，不会如此平静，看来他真是耳朵有些不灵敏的人呢。

也是朱元璋心情好，又见漆匠的活做得也不错，又很会说话，便摆摆手让他继续干活。这名漆匠当晚便找个借口逃出皇宫，连夜逃回家中，携带妻小躲避他乡。而朱元璋后来因为国事繁忙，根本记不得这件事了。

男人成长法则

> 凡事都太计较，不仅浪费自己的生命热情，而且使得人心离向。20几岁的我们不妨学着装装糊涂，装糊涂不仅让自己省心，有时甚至能避免灾难。

有人说，要糊涂还不好做到么？我天生脑子就不灵活，我时刻都身处懵懂混沌之中。但是，这里我们所说的糊涂是一种高明的处世之道，不仅对人的智慧有要求，而且对人的心态和胸襟也有较高的要求，要做到着实不易。

“聪明难，糊涂尤难，由聪明而转入糊涂更难。”“水至清则无鱼，人至察则无徒。”凡事都太计较不仅浪费自己的生命热情，而且使得人心离向。20几岁的我们不妨学着装装糊涂，装糊涂不仅让自己省心，有时甚至能避免灾难。

20几岁的人生忠告

- 保持低调，在暗中修炼自己，等待机会。一旦时机来临，就要迅速反应，在第一时间挺身而出，一击即中，而不能莫名其妙地充当“炮灰”。

- 男士的异性缘好比是人生的助推器，不仅会增加你的信心，让你做起事情来得心应手，也会让你受到别人格外的“青睐”。

- 不论如何完美的名气和节操，都不要一个人自己独占，必须分一些给旁人，只有如此，才不会惹起他人的怨恨而招来灾祸，从而保证生命的安全。

- 朋友对于人的一生起着至关重要的作用，我们可以从他们的身上进行自省，学习他们的长处，避免其短处。朋友是我们认识自己的一面不可多得的镜子。

- 在工作中时常怀有一颗敬畏之心，以谦卑的态度对待别人，不仅不是丢脸的事情，反而可以获得额外的收获。

- 创新是一个很复杂的过程，遇到的困难和挫折自然也非常多，但此时你需要勇气去排除万难，走自己认定了的创新之路。

后记

一本著作的完成需要许多人的默默奉献，闪耀的是集体的智慧。其中铭刻着许多艰辛的付出，凝结着许多辛勤的劳动和汗水。

本书在策划和写作过程中，得到了许多同行的关怀与帮助，及许多老师的大力支持，在此向他们致以诚挚的谢意：廖峰、黄文华、常悦、程仕才、刘健、张保文、秦风超、范毅然、李猛、李文静、孙朋涛、汪文娟、何瑞欣、张艳芬、闫瑞娟、欧俊、杨云鹏、梁素娟、焦亮、宋洁心、聂小晴、李彦岐、齐艳杰、周珊、李良婷、魏清素、赵文闻、杨茜彦、姜波、李伟军、于航等。

阅读是一种享受，写作这样一本书的过程更是一种享受。在享受之余，我们心中也充满了感恩。因为在写作过程中，我们不仅得到了同行的帮助，还借鉴了其他人智慧的精华。相信你们劳动的价值不会磨灭，因为它给读者朋友们带来了宝贵的精神财富。

Mobile Book 随·身·读 系列读本

开启便利阅读新时代
让知识与你随身同行

成功激励 >>>

为你指引人生的前进方向，助你超越险阻，走向成功。

1.《巨人的脚步》
2.《潜能的力量》
3.《一生的忠告》
4.《一生的资本》
5.《伟大的励志书》
6.《成功可以复制》
7.《品格的力量》
8.《自己拯救自己》
9.《财富的秘密》
10.《正思维》

员工培训 >>>

帮助你提升职业理念，更好地规划个人发展。

1.《公司就是希望》
2.《好员工这样工作》
3.《忙要忙到点子上》
4.《思路决定出路》
5.《方法总比问题多》
6.《带着思想来工作》
7.《用业绩证明自己的价值》
8.《成为公司最需要的员工》
9.《老板最看重员工的10项素质》
10.《任务就是成长的机会》
11.《用结果证明自己的能力》
12.《世界500强企业面试实录》
13.《世界500强企业员工生存法则》
14.《世界500强企业员工思维模式》
15.《世界500强企业员工高效工作法》
16.《世界500强企业员工习惯管理法》
17.《责任胜于能力》
18.《职业规范与素质小全书》
19.《对公司负责就是对自己负责》
20.《执行到位就是竞争力》

职场充电 >>>

让你轻松提升职场竞争力，在职场发展中如鱼得水，步步高升。

1.《瞬间读懂周围的人》
2.《瞬间读懂身体语言》
3.《瞬间读懂人心》
4.《上班的智慧》
5.《会说话 会办事》
6.《圆融的职场经营课》
7.《20几岁要懂点人情世故》
8.《20几岁要懂点办事技巧》

Mobile Book 随·身·读 系列读本

开启便利阅读新时代
让知识与你随身同行

⑨《20几岁要懂点职场策略》
⑩《20几岁要懂点社交礼仪》
⑪《20几岁要懂点成功智慧》
⑫《20几岁要知道点国学常识》
⑬《20几岁要知道点文化常识》
⑭《20几岁要知道点历史常识·中国卷》
⑮《20几岁要知道点历史常识·外国卷》
⑯《20几岁要知道点社会常识》
⑰《20几岁要知道点经济常识》
⑱《博弈论的诡计》
⑲《舍与得的职场经营课》
⑳《每天懂点职场生存之道》
㉑《懂管理先要懂心理》
㉒《20几岁要懂得塑造形象魅力》
㉓《20几岁要懂点说话之道》
㉔《职场正能量》
㉕《一次面试就成功》
㉖《犹太智慧小全书》

自我实现 >>>

帮你全面提升自身素质，使你在各个方面皆能左右逢源，无往不利。

①《20几岁决定女人的一生》
②《20几岁决定男人的一生》
③《20几岁要开始自我定位》
④《会生活 会工作》
⑤《会做人 会处世》
⑥《这样做女孩最聪明》
⑦《这样做男人最优秀》
⑧《女人就是要有钱》
⑨《厚道的人生成功课》
⑩《不抱怨的力量》
⑪《做最好的自己》
⑫《细节做事 宽心做人》
⑬《九型人格》
⑭《卡耐基写给年轻人》
⑮《卡耐基写给男人》
⑯《卡耐基写给女人》
⑰《每天学点实用理财学》
⑱《每天学点实用投资学》
⑲《每天学点实用心理学》
⑳《每天学点实用口才学》
㉑《每天学点实用经济学》
㉒《修炼魅力女人》
㉓《读懂女人 看清男人》
㉔《幸福婚姻要淡定》
㉕《舍与得的婚姻经营课》
㉖《气场》
㉗《女人的幸福密码》
㉘《情绪掌控术》

8《南宋那些事儿》
9《明朝那些事儿》
10《清朝那些事儿》
11《魏晋那些事儿》
12《五代那些事儿》
13《南北朝那些事儿》
14《元朝那些事儿》
15《民国那些事儿》

生活休闲 >>>

增添智慧，创造乐趣，愉悦身心，为平凡的生活加点料。

1《再忙也要歇一歇》
2《最上瘾的心理测试》
3《最喷饭的幽默笑话》
4《最实用的解梦手册》
5《最诡异的神怪故事》
6《最好玩的娱乐游戏》
7《会吃的女人美如花》
8《吃对食物不生病》
9《健康生活习惯小全书》
10《新编生活妙招小全书》
11《女性健康私密书》
12《女性中医美容小全书》
13《女性中医养生小全书》
14《健康身体管理小全书》
15《实用穿衣打扮小全书》
16《零基础瑜伽小全书》
17《40周孕期指导小全书》
18《实用胎教百科小全书》
19《实用育儿百科小全书（0~3岁）》
20《怀孕怎么吃小全书》
21《坐月子怎么吃小全书》

读者回函卡

感谢您购买和阅读“MBook随身读”图书，欢迎您加入我们的读者俱乐部。为了更了解您的需要和改善我们的服务，请您详细填写如下资料并寄回，我们将定期向您发送最新的图书出版资讯，您还将有机会获得我们赠送给您的新书。

姓　　名＿＿＿＿＿＿＿＿

性　　别　□ 男　□ 女

年　　龄　□ 20岁以下　□ 21-30岁　□ 31-40岁　□ 41-50岁　□ 50岁以上

地　　址＿＿＿＿＿＿＿＿＿＿＿＿＿＿＿＿＿＿

邮　　编＿＿＿＿＿＿＿＿

电　　话＿＿＿＿＿＿＿＿电子信箱＿＿＿＿＿＿＿＿

学　　历　□ 初中 □ 高中 □ 专科 □ 本科 □ 硕士 □ 硕士以上

职业类别　□ IT业 □ 财会/金融/保险 □ 制造/贸易 □ 医疗/医药 □ 媒体 □ 房地产/建筑 □ 教育/培训 □ 政府/服务 □ 销售 □ 学生 □ 其他＿＿＿＿＿＿

月 收 入　□ 2000元以下 □ 2100-3000元 □ 3100-5000元 □ 5100-10000元 □ 10000元以上

您从何种渠道获知本书消息?

□ 书店 □ 报刊杂志 □ 广播电视 □ 网络 □ 移动媒体 □ 其他

您购买的图书书名? ＿＿＿＿＿＿＿＿＿＿＿＿＿＿

您为何购买本书? ＿＿＿＿＿＿＿＿＿＿＿＿＿＿

您对哪类图书感兴趣? □ 哲学宗教 □ 历史文化 □ 心理自助 □ 生活百科 □ 经济管理 □ 个人理财 □ 员工培训 □ 其他＿＿＿＿＿＿

关注最新出版信息，请登录公司网站：www.huaxiabooks.com

您对我们有何建议，也欢迎您登录微博与我们互动：

http://t.qq.com/MBook-2011/mine

邮寄地址：北京市丰台区方庄芳群园三区三号楼711室（邮编100078）

20几岁规划人生，成功轨迹运行一生